奇幻大自然探索图鉴

身边的危险生物

(日)今泉忠明　监修、著
朱悦玮　译

辽宁科学技术出版社
·沈阳·

目录

第3章 潜藏在山上和海里的危险生物

这本书怎么看

说起“危险生物”，大家首先想到的是什么呢？老虎？蜈蚣？鲨鱼？食人鱼？虽然这些生物都很危险，但请仔细地看一看自己的周围吧！在我们的身边就有很多个头不大、看起来老老实实，但实际上却非常危险的生物。希望大家能够通过这本书了解自己身边的危险生物，并且克服对它们的恐惧！

假如页

分别以家中、上学路上、山上和海里这几个不同的场面，对潜藏在我们周围的危险生物进行介绍。大家在阅读的时候也可以想象一下，假如在自己的身边真的发生了这样的情况应该怎么办。

危险程度

分为5个等级，表示生物的危险程度。

1……不会危及生命，但会使人感到不舒服或者让人受伤
2……有明显的痒和痛感
3……有持续且严重的痒和痛感，使人感到非常不舒服
4……可能会造成重伤
5……遭到正面攻击会导致丧命，危险度最高

身体的大小

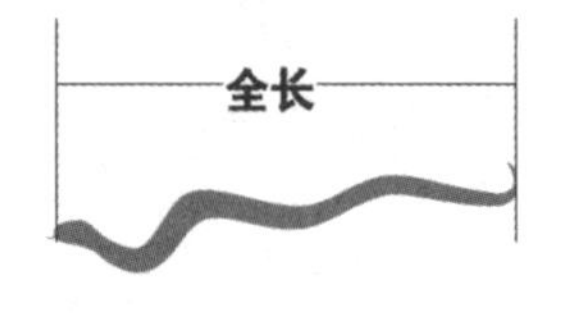

解说页

自我保护

在对危险性进行解释和说明的同时，还介绍了应该采取什么样的预防措施，以及平时应该注意哪些事项。万一不小心遇到的话，应该采取什么样的应对方法。

彻底解析

详细介绍危险生物，认识这些生物究竟是什么样子的，平时都吃些什么。最危险的部位带有骷髅标志！

彻底解析

豆芫菁最危险的是从腿部关节处喷出的毒液。豆芫菁没有毒牙也没有毒针，更不会主动去攻击人类。只有在被追赶和突然被用力捉住时，出于防卫本能才喷出毒液。轻轻地将其拿起来是安全的。

豆芫菁的后背有4根白色的线。腿和触角都比萤火虫要长。

自我保护

仔细分辨！

这种昆虫在遇到危险的时候会从自己前腿的关节部位喷出黄色的毒液。毒液中含有一种叫作“斑蝥素”的毒素，一旦进入人体内就会导致人出现腹痛、呕吐和下痢等症状。一般情况下没有人会将这种昆虫放进嘴里，但毒液喷到皮肤上的话也会缓慢渗入人体。不过除非一口气吃掉几百只豆芫菁，否则少量的豆芫菁毒液并不会置人于死地。

在发现豆芫菁时及时地分辨出其种类非常关键，千万不能将豆芫菁误认为是萤火虫。当发现豆芫菁时一定要小心，尽量不要碰它。要是有豆芫菁落在身上，最好趁其静止不动的时候迅速将其从身上拨掉。动作一定要快，而且绝对不要用手捉它。昆虫爱好者可以轻轻地将其拿起然后迅速放进标本瓶里，仅仅是这种程度的……安全的。

48

袭击应对

马上用清水冲洗！

如果皮肤上莫名其妙出现像被烫伤一样的水疱并且感觉很痛，那就可能是接触到了豆芫菁的毒素，这时应该马上用清水冲洗患处。绝大多数情况下用水冲洗后症状就会缓解，但如果痛感强烈或者担心症状进一步恶化，可以涂抹一些含有抗生素的类固醇软膏。过敏体质的人尤其需要注意。不过，只要没有误食豆芫菁毒素，就不需要去医院。

49

袭击应对

遭到危险生物袭击之后会出现什么样的症状呢？这部分讲解了自我应对的方法，以及去医院之前的正确应急处理方法。

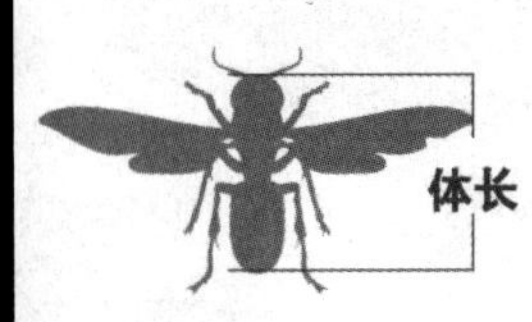

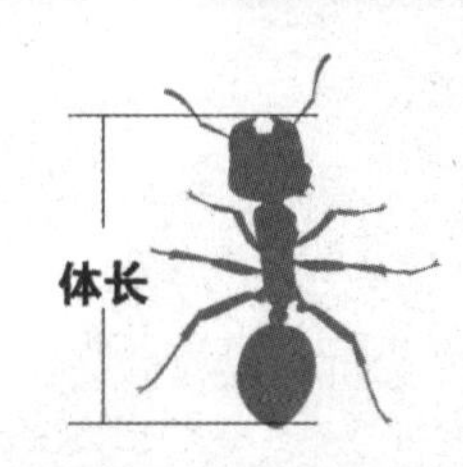

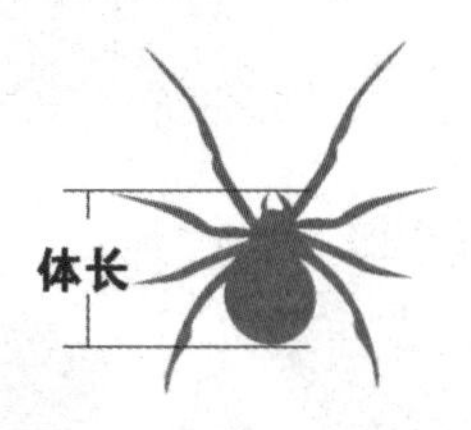

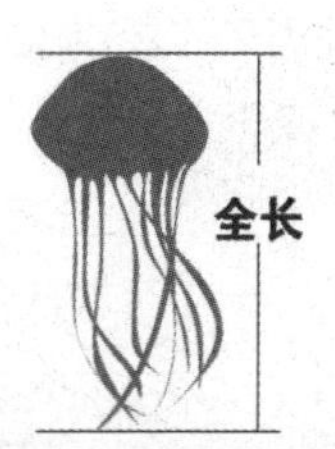

看一看吧！

我们身边的危险生物！

豆芫菁！
长得还挺好看的。

在繁殖的季节不
要接近乌鸦！
有了小宝宝之后，
猕猴的攻击性也
会变强哟！
海里的生物
可真漂亮啊！
这是半环扁尾海蛇。
来，再仔细看一看吧！

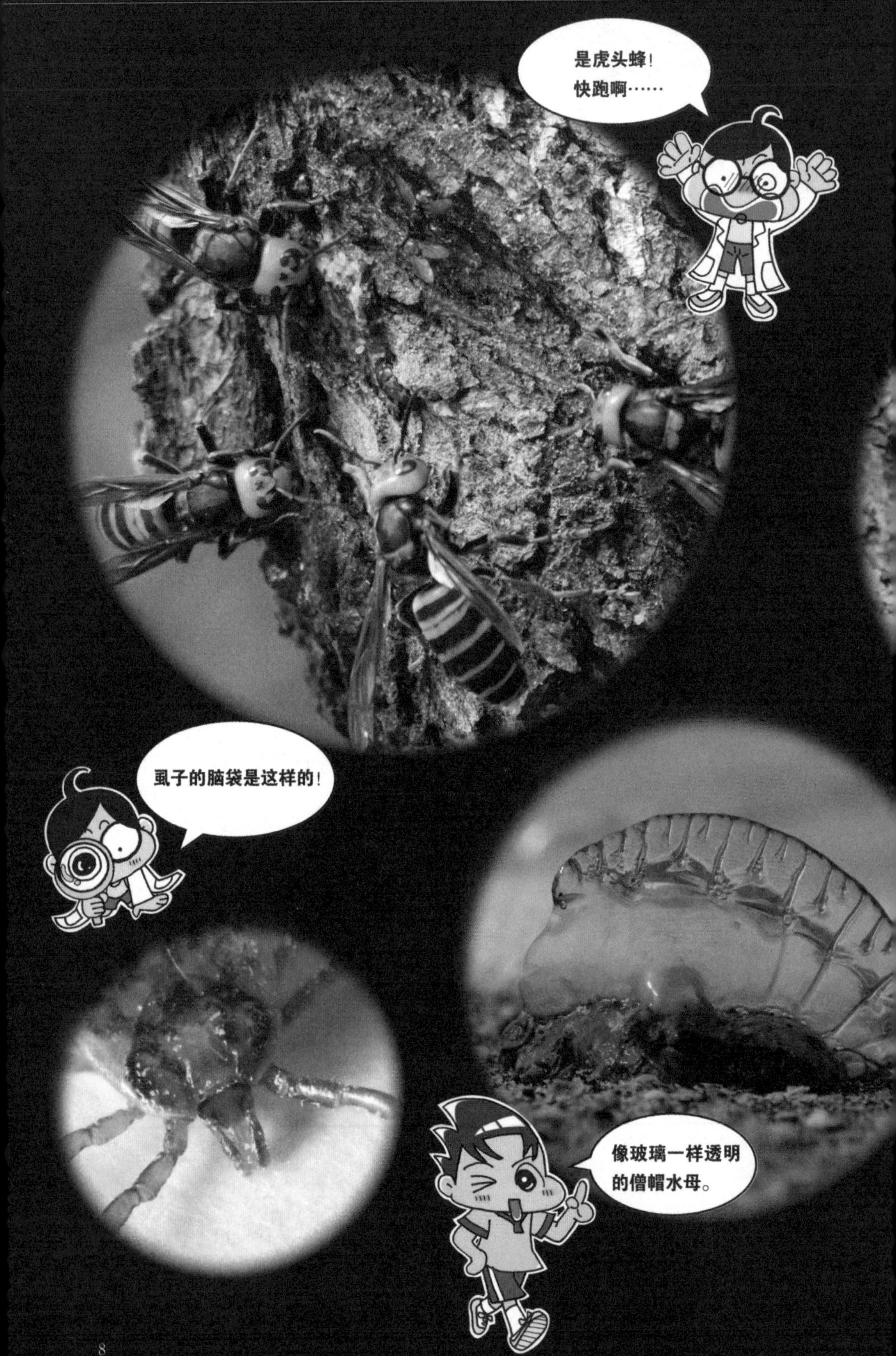

是虎头蜂！
快跑啊……
虱子的脑袋是这样的！
像玻璃一样透明
的僧帽水母。

刺蛾幼虫
还有眼睛呢！
赤背蜘蛛
真是个帅气的家伙！
这是蝮蛇。弯弯
曲曲地盘着呢！
黑熊先生虽然看起
来萌萌的，但其实
很可怕呢！

序章
看看我们身边的危险
生物吧！
在街区的一角，有一个破破烂烂的研究所。
只有这位大叔一个研究员。
完成啦！
每年一到夏天
就因蚊虫叮咬
而烦恼……
噗
噗
强力神奇
杀虫剂！
但有了这个就全搞定啦！

安静
哎？
哎？
还活着吗？
咔嗒
咔嗒
为什么？
噗
噗
哇！可恶，
不要跑！
喵喵！
噗
噗
等一下！
等一下！
我才不呢！
站住！
噗
噗
啪嗒！
噗
噗
噗
又失败了吗？
抽泣

从研究所里跑出来的蚊子咬了住在隔壁的小孩一口！
哇，有蚊子！
好疼！
好痒啊！
怎么回事，一直都这么痒！
然后又咬了隔壁的小孩，又咬了隔壁的隔壁……就这么一直不停地咬下去……

被强力神奇杀虫剂喷了之后，
不知为何蚊子的力量变得强大起来了！

叮咚
阿护，你听说了吗？我们附近出大事了！
医院里挤满了被蚊子咬了的患者！
小诺上小学5年级

被蚊子咬了之后痒
得没完没了……
还有被吸了太多的
血导致贫血的人！
阿护非常喜欢研究昆虫。

蚊子是这么可怕的
生物吗？
难道不是用手啪地一拍就
会被干掉的家伙吗？

那可不一定哦！
有的蚊子会传播疾病……
小看蚊子的后果
不堪设想！

不光是蚊子跟
平时不一样，
今天早晨上学
的时候，路上
的猫咪……
喵 喵

可能是被很厉害的跳蚤咬了吧。猫咪在地上滚来滚去的！
我还在院子里的树上发现了像橡胶一样结实的蜘蛛网，
以及爬行速度飞快的蜈蚣。
嗖

似乎我们周围的生物全都变得厉害起来了！

怎么办？好可怕啊！

虽然确实很可怕，但光害怕是没有用的。
让我们一起来了解一下周围的生物吧！

可是，我不太
擅长学习啊！
我晕
再说明天开始就放
暑假了，我还想好
好玩儿呢！

我有事要通知
大家……

现在正在流行一
种神秘的疾病。
大家在暑假期间最
好在家里专心学习，
不要出门！

什么~

可是我还想去山上
和海边露营呢！
阿护，
想想办法啊……

微笑
那我们就应该学习应
对危险生物的对策呀！

明白了，
快教教我吧！
请看下文

第1章
潜藏在家中的危险生物
如今已经是互联网时代，科学技术日新月异！但是，人类
依然是有血有肉的生物，和过去相比没有任何变化。还要驱赶
飞来飞去的苍蝇，稍不留神就会被蚊子咬出一个大包。人类和
这些生物的斗争还将继续下去。要想战胜敌人，首先要了解它
们。让我们从了解家中的敌人开始吧！

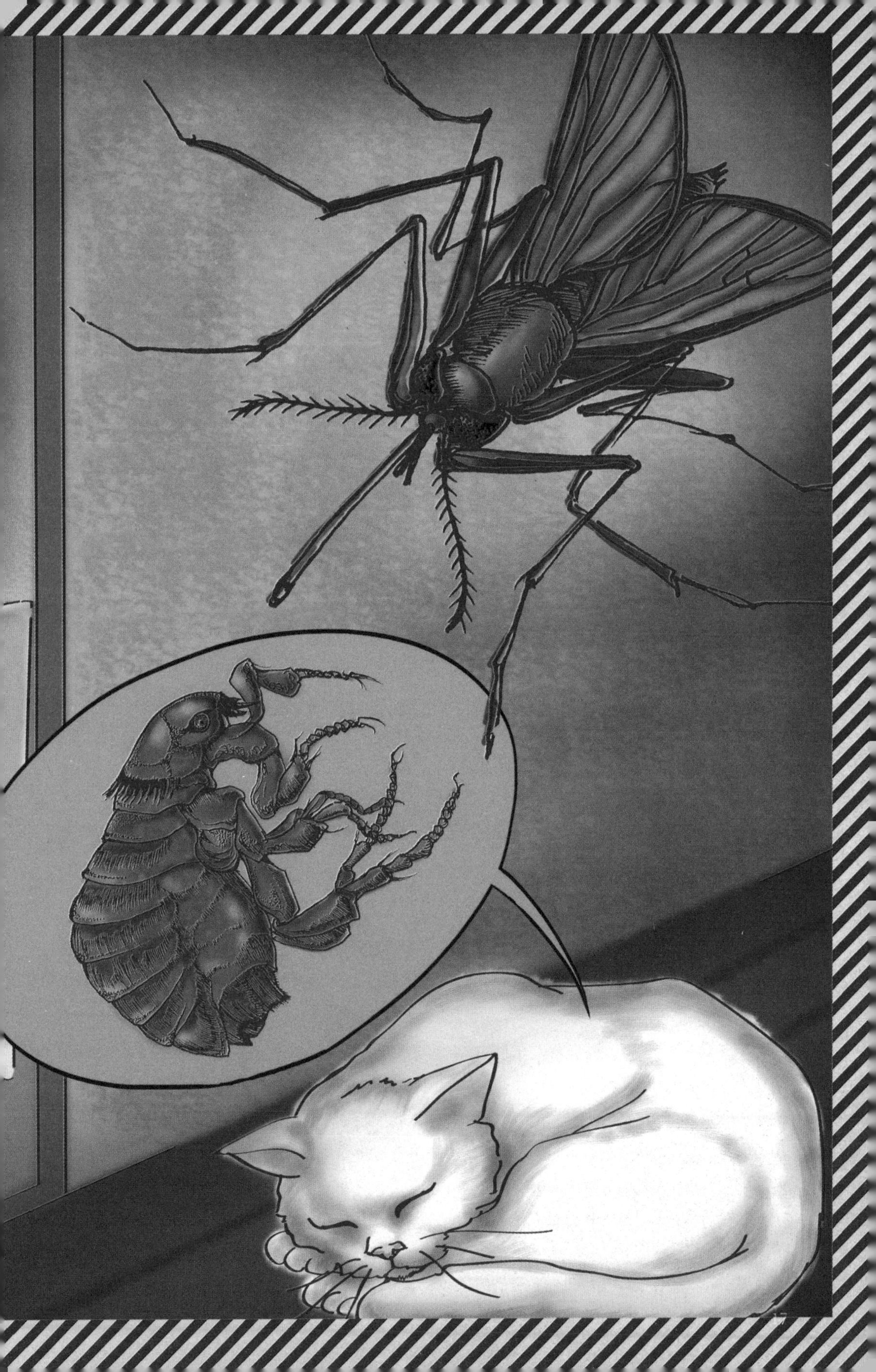

假如 宠物的身上藏着可怕的跳蚤

我家的宠物猫“冰激凌”正在窗边晒着太阳。外面传来鸟儿的叫声，“冰激凌”的朵跟着晃动了几下。真是安静祥和的一天啊！忽然，“冰激凌”开始用力地挠自己的子，看起来很不舒服的样子。“怎么了？”我狐疑地用手扒开它肚子上的白毛，只见白毛之中藏着一个芝麻粒大小的生物。“是跳蚤！”我刚要伸手去抓，跳蚤一下子跳起来，转眼间就消失不见了。

跳蚤很小，因为它太小了，我们不知道它藏在什么地方，所以很可怕。被跳蚤咬到可不只是皮肤瘙痒那么简单哟！

自我保护

大扫除！

跳蚤属于小型寄生性昆虫。这种小型昆虫可以生存于任何地方，依靠吸食包括人类在内的哺乳动物和鸟类的血液为生。被跳蚤咬过之后会感到非常痒，猫会因为皮肤瘙痒而烦躁不安。最可怕的是，跳蚤可能传播致死率极高的鼠疫(黑死病)。

跳蚤一般会把卵产在榻榻米、地毯、被褥下面，所以要想保护自己不被跳蚤袭击，就必须消灭这些卵，也就是要经常进行彻底的大扫除。虽然市面上也有很多种杀灭跳蚤的药物，但因为有人对药物过敏，所以最好的办法还是大扫除。有时候，流浪狗和流浪猫的身上也可能有携带鼠疫病菌的跳蚤，收养流浪猫、狗可能会导致人感染鼠疫。所以在收养流浪猫、狗之前，首先应该请兽医给流浪猫、狗做清洁，最好再用一些驱除跳蚤的药物。

彻底解析

跳蚤在发现“宿主”之后就会跳到宿主身上，依靠吸食宿主的血来获取养分。跳蚤像针头一样的口器能够感知宿主的热量，而触角和触须则能够感知气味和二氧化碳，跳蚤就通过这两个感知器官来判断鸟和动物的位置，一旦它们接近就跳到它们身上。

体刺
挂在宿主的毛发上，让自己不易从宿主身上掉落。

口器
吸血装置，能够感知热量。

触角与触须
能够感知气味和二氧化碳。

勾爪
能够抓住宿主。

身体
坚硬的身体保护跳蚤不会被轻易压扁。有时候就算用手指甲将雌跳蚤捏死，它的卵也可能会散落到周围，需要特别注意。

后腿
很长，有很多关节。能够使跳蚤跳跃达到身长150倍的高度。

分　类	节肢动物门・昆虫纲・蚤目・人蚤科
体　长	0.9~9.0mm(大多数2.0~3.0mm)
生息地	全世界
食　物	动物的血液

跳蚤为了产卵，需要吸食宿主的血液。

必须注意鼠疫症状！

袭击应对

鼠疫是死亡率极高的可怕疾病，在世界范围内至今仍然存在鼠疫导致死亡的病例。以最具代表性的腺鼠疫为例，感染后会出现40℃左右高烧，并伴有头痛、恶寒、倦怠、恶心、肌肉酸痛、食欲不振等症状。症状出现3~4天后会进一步恶化，再过2~3天可能会导致死亡，所以出现上述症状时一定要尽快去医院进行治疗。

危险程度

假如 被黑夜中的吸血鬼伊蚊搞得夜不能寐

夜深人静，天气也终于凉爽下来，窗外传来充满夏日气息的虫鸣。就在小诺关灯准备睡觉的时候，那家伙突然出现了，耳边响起令人不快的嗡嗡声。是伊蚊！尽管这种生物看起来不怎么起眼，但却是能够传播登革热等疾病的恐怖吸血鬼。小诺根本睡不着，只好又点亮了电灯。他把伊蚊可能躲藏的阴暗角落都找了一遍，却一无所获。蚊香和杀虫剂的味道太大了，小诺不想在房间内使用。“哎？胳膊感觉好痒……被咬啦！”

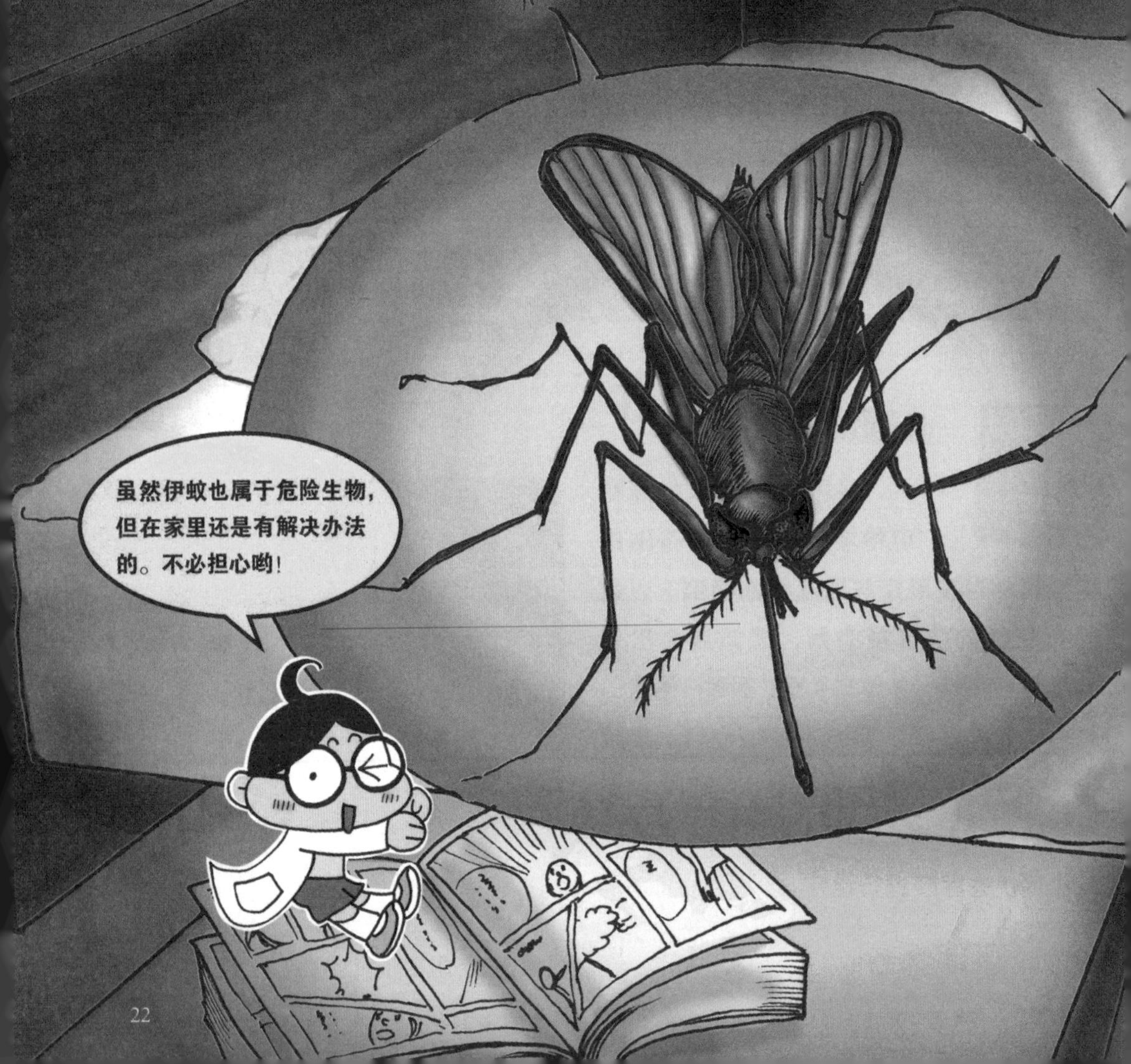
虽然伊蚊也属于危险生物，
但在家里还是有解决办法
的。不必担心哟！

请原谅我吧!

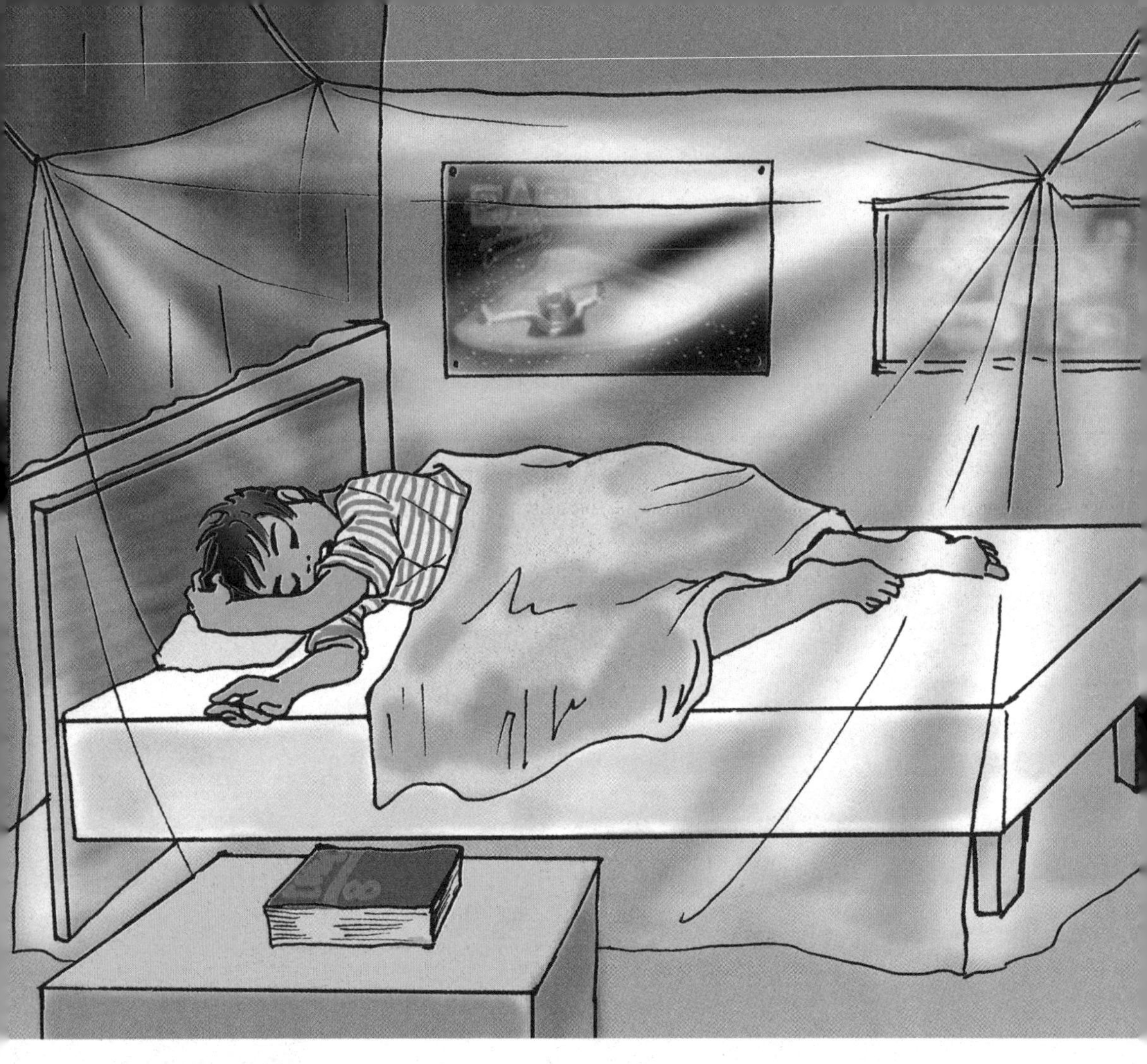

用蚊帐把自己保护起来！

伊蚊不仅能传播登革热，还能传播疟疾、丝虫病、脑炎、黄热病、西尼罗河热、奇昆古尼亚热等各种传染病。这些疾病导致死亡的案例屡见不鲜。

要想预防伊蚊叮咬，可以采取点蚊香、抹驱虫药、喷杀虫剂等方法，但对于容易过敏的人来说，最好的办法是挂蚊帐。现在挂蚊帐的人不如以前多了，但非洲地区，通过挂蚊帐大幅减少了疟疾患者的数量，由此可见蚊帐的防蚊效果非常显著。还有一点很重要，那就是为了防止伊蚊再次出现，消灭伊蚊的成虫，只能取得暂时的效果，要想取得长期防蚊的效果，就必须消灭伊蚊的幼虫。伊蚊会将卵产在水边，所以每周把住宅周边的储水容器(罐、瓶、花盆底部的托盘等)之中的水清理一遍，也能收到消灭蚊虫的效果。

伊蚊通过视觉来发现猎物，它们喜欢黑色、蓝色和红色。头上的触角能够感知二氧化碳(人类的呼吸)，触角中的江氏器能够感知空气的流动。当伊蚊接近人类时,它会用口器感知温度,找体温高的人吸血。

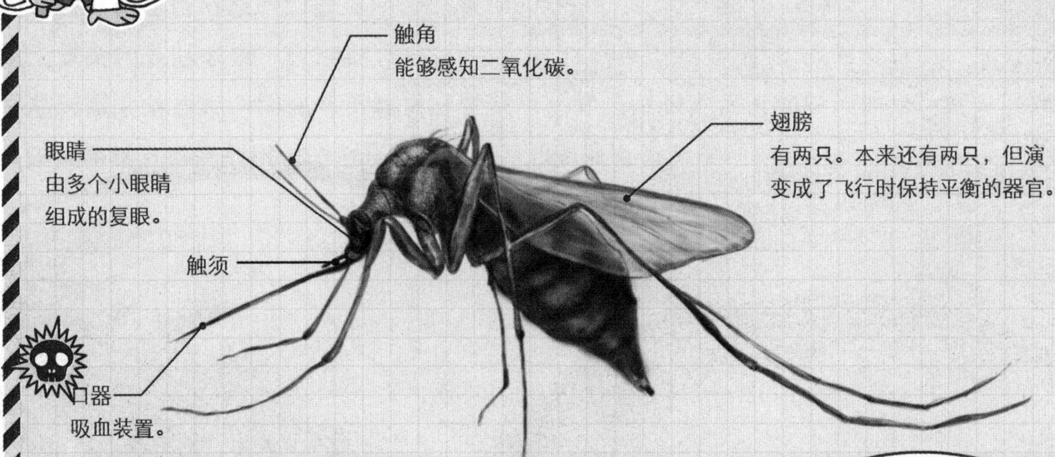

分 类　节肢动物门、昆虫纲、双翅目、蚊科
体 长　绝大多数在15 mm以下
生息地　除南极之外
食 物　花蜜、果汁、树液。只有雌蚊在产卵期才会吸食血液

据说全世界大约有2500种蚊子!

若从国外回来，要做血液检查!

袭击应对

被伊蚊叮咬之后，不会马上出现严重的症状。最初的症状就像感冒发烧一样。如果觉得自己没有任何患感冒的原因，却突然出现38℃以上的高烧、头痛、呕吐等症状，那有可能是脑炎，应该及时去医院检查。如果是刚从国外回来，还有可能是疟疾，疟疾只有经过血液检查之后才能确认。

假如 自己乌黑亮丽的长发里有虱子

"今天也很漂亮呢！"每天早上，秋儿最开心的事就是让妈妈帮自己梳头发。她很喜欢自己长长的黑发。"哎呀，这是什么？"妈妈小声嘀咕道。原来秋儿的头发上粘着许多像头皮屑一样的东西。仔细一看，这些竟然是虱子产的卵！难怪秋儿最近总是感觉头皮痒痒的。可是明明每天都认真地洗头了啊，好奇怪……妈妈和秋儿都很纳闷儿。

不管头发梳得多好看，上面也可能有虱子。但不必害怕，让我们来想办法吧！

预防感染!

如果被虱子吸了血，头皮就会感到非常痒。要是因为痒就用手挠的话，可能会抓破伤口，导致细菌入侵。另外，虱子还会传播一种叫作“斑疹伤寒”的疾病，这种疾病严重时可能致人死亡。

头上长虱子并不是因为不注意个人卫生导致的，所以看到有小伙伴长了虱子绝对不能嘲笑他，也不要故意疏远他。虱子的传染方式包括共用帽子、梳子、毛巾、枕头、床单、围脖、运动垫子等。小朋友之间最容易导致传染的情况是大家在一起午睡，以及有频繁身体接触等活动。虱子不会像跳蚤那样高高跳起，也不会像蚊子那样飞。小伙伴之间手拉手一起玩儿是不会传染的，和头发的长度也没关系。如果发现谁的头上有虱子，首先要保证不要传染给其他人，然后立刻找学校或幼儿园的老师帮忙。

彻底解析

虱子虽然身体很小，但也属于昆虫。它的身体分为头部、胸部、腹部3个部分，胸部有6条腿。虱子用勾爪抓住毛发，然后用针尖一样的口器扎进皮肤内吸血。跟伊蚊不同，虱子无论雌雄都会吸血。雌性虱子会把卵产在毛发中，虱子卵经过2周左右的时间就能长大。虱子的一生都在毛发间度过。

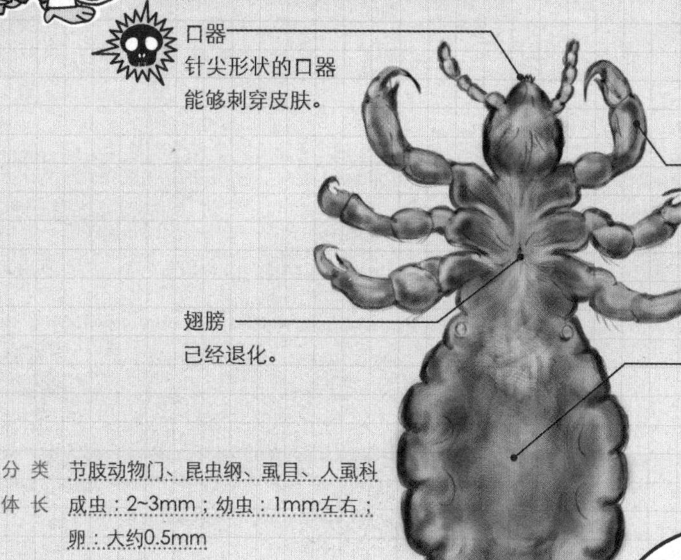

口器
针尖形状的口器能够刺穿皮肤。
腿
最前端有勾爪。
翅膀
已经退化。
身体
呈半透明的白色，看起来很脆弱，但其实像橡胶一样有弹性，很结实。

分 类 节肢动物门、昆虫纲、虱目、人虱科
体 长 成虫：2~3mm；幼虫：1mm左右；卵：大约0.5mm
生息地 全世界
食 物 人类的血液

当你觉得头皮发痒的时候就要注意了。最好让妈妈看一看哟！

头皮发痒要及时处理！

袭击应对

在大多数情况下，人们都是因为头皮发痒才发现虱子的。如果发根处黏着像头皮屑一样的东西，那就可能是虱子的卵。用专门的洗发水洗头可以轻松地驱除成虫和幼虫，专门的除卵梳子效果也不错。医院的皮肤科会提供非常专业的解决办法，所以完全不必担心。另外，最好把衣服和床单都用60℃左右的热水浸泡后清洗一遍，保证万无一失。

假如 三更半夜突然遭到褐家鼠的袭击

虽然夜已经很深了，但小诺却感觉肚子饿想吃点儿东西。他把食物放进微波炉里，往微波炉下面扫了一眼，结果正好和那家伙四目相对。原来褐家鼠正悄悄地藏在微波炉的下面。简直是胆大包天！小诺也顾不上肚子饿了，先把这只褐家鼠抓住才是大事。现在需要手套、棍棒和网兜……就在小诺思考的时候，微波炉忽然发出“叮”的一声！仿佛宣布比赛开始一样，褐家鼠一下子从微波炉的下面跳了出来。

褐家鼠是攻击性很强的生物，小看它的人可是会吃苦头哟!

封锁入口!

谁都不想在家里看到褐家鼠。被褐家鼠咬伤会感染鼠咬热，鼠粪还会传播钩体病和沙门氏菌病。不仅如此，老鼠身上的螨虫和跳蚤还会引发恙虫病和虫咬皮炎。

要想防止出现上述情况，首先要阻止老鼠进入家中。一般来说，木造的房屋难免会有很多缝隙，即便是用钢筋混凝土建造的大楼，也有很多排水管和通风管道。老鼠就是从这些地方进来的。米粒大小的黑色粪便、被咬坏的墙壁，以及留在墙壁和地面上的黑色污垢，都是家中遭到老鼠入侵的证据。另外，如果放在外面的面包被偷吃了，说明老鼠可能就在附近。我们需要对家中的每一处角落都进行检查，发现缝隙就应该立即封死。夏天尽量不要将窗户和门大敞四开。如果附近的老旧房屋被拆除，那么以前居住在老旧房屋中的老鼠可能会迁移，必须特别注意。

彻底解析

褐家鼠和屋顶鼠都属于家鼠，两者长得也很相似，但褐家鼠主要生活在下水道之类的环境之中，而屋顶鼠则生活在天花板上。另外，褐家鼠的身体是茶褐色的，爪子是白色的，而屋顶鼠的身体是黑色的，爪子也是黑色的。褐家鼠还有一个特点：擅长游泳。

眼睛
在黑暗中仍然能够看清周围环境，但因为是近视眼，所以看不清远处的东西。

嘴
有锐利的前齿。被咬到可能会感染鼠咬热。

粪便
接触到老鼠的粪便可能会感染钩体病和沙门氏菌病。

尿液
如果不慎吃了被老鼠尿液污染的食物，可能会感染钩体病。

毛发
毛发中存在螨虫和跳蚤。这些昆虫可能会引发恙虫病和虫咬皮炎。

腿
拥有很强的跳跃力，游泳的时候也能派上用场。

尾巴
长长的尾巴能够帮助老鼠保持平衡。

分类	脊索动物门、哺乳纲、鼠目、鼠科
体长	大约25 cm
生息地	全世界
食物	杂食，偏向肉食

不小心被咬到的话，一定要让血多流出来些，然后立刻消毒！

在症状恶化之前尽快就医！

鼠咬热的症状包括发热、头痛、呕吐、肌肉酸痛等。钩体病的症状包括突然发热、持续恶寒、头痛、肌肉酸痛、腹痛以及眼结膜充血等。沙门氏菌病最普遍的症状是急性胃肠炎，一般有8~48小时的潜伏期※，首先从呕吐开始，几小时后发展为腹痛和严重的下痢。应该尽快去医院进行治疗。

※这是从感染到发病的时间。

还有呢！

家中的危险生物

除了前面介绍过的那些生物之外，家中还有许多其他危险生物哟！或许大家曾经见过下面的这些生物，但你知道应对的方法吗？

地下家蚊

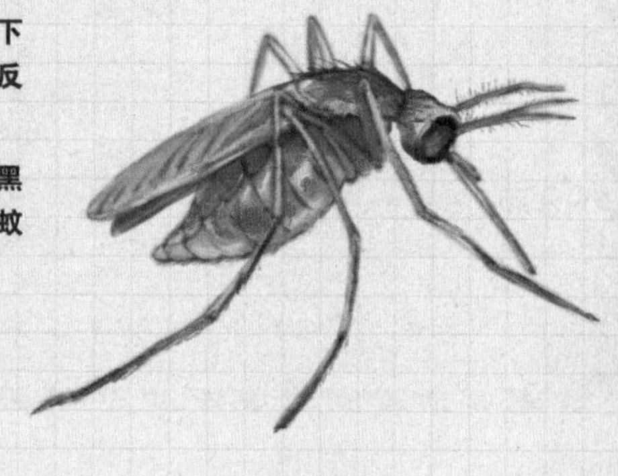

危险性 一般来说雌性蚊子都需要吸食血液才能产卵，但地下家蚊不需要吸血也能产卵。一旦被地下家蚊叮咬，会因为过敏反应而产生瘙痒感。地下家蚊能够传播血丝虫病。

应对方法 据说地下家蚊喜欢体温高的人、出汗多的人以及穿黑色衣服的人。不让地下家蚊咬到是预防的关键，在睡觉时挂蚊帐是比较好的方法。

分 类 节肢动物门、昆虫纲、双翅目、蚊科

体 长 5.5 mm

生息地 在北半球有广泛分布

食 物 平时以植物的蜜和果汁为食

臭虫

危险性 目前并没有听说过臭虫传播疾病的事例。但是，被臭虫咬到的话会感到非常痒，使人难以集中精神，夜不能寐。

应对方法 被臭虫咬到的话只能涂药膏来缓解瘙痒。不过，可以用杀虫剂来驱除隐藏在家中的臭虫，一般成虫和卵都会隐藏在阴暗的地方，所以床垫下面、墙壁缝隙、床底等处都需要仔细检查。

分 类 节肢动物门、昆虫纲、半翅目、臭虫科

体 长 5~8mm

生息地 全世界

食 物 动物的血液

疥螨

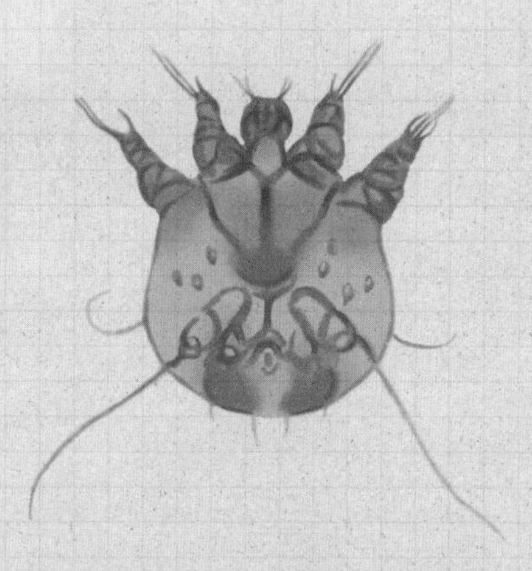

危险性 疥螨寄生在人类的皮肤表层内。虽然疥螨不吸血也不会传播病菌，但疥螨的粪便可能会使人类产生过敏反应，造成强烈的瘙痒感。

应对方法 疥螨引起的皮肤疾病叫作“疥疮”。绝大多数是通过被褥感染的。因为疥螨不耐高温，因此可以通过暴晒来杀灭被褥中的疥螨。不小心感染疥疮的话，可以去医院的皮肤科开药治疗。

分 类 节肢动物门、蛛形纲、真螨目、疥螨科

体 长 0.4 mm(肉眼几乎看不见)

生息地 全世界

食 物 皮屑、体垢、食物碎屑等

蟑螂

危险性 蟑螂出没于卫生间、排水口、下水道、厨房等地方，会将粘在自己身上的病原菌到处散播。被蟑螂咬到可能会感染沙门氏菌，必须特别注意。

应对方法 将蟑螂喜欢吃的剩饭彻底清理干净，保持良好的卫生环境是预防蟑螂的关键。要经常打扫厨房的灶台周边和下面，以及冰箱后面。

分 类 节肢动物门、昆虫纲、蜚蠊目、蜚蠊科

体 长 10~15mm

生息地 全世界

食 物 食物碎屑

少棘蜈蚣

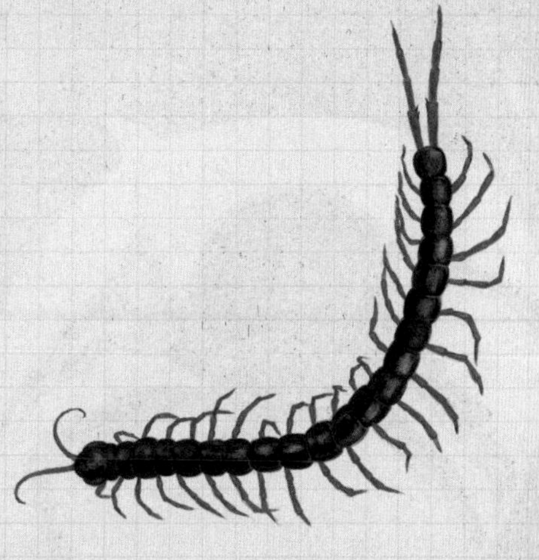

危险性 夜晚时分，少棘蜈蚣可能会为了捕食蟑螂和蟋蟀而进入人类的家中。因为少棘蜈蚣会在被褥上爬来爬去，人类可能会在不经意间被它咬伤导致中毒。

应对方法 被少棘蜈蚣咬伤后应该及时将毒液从伤口处挤出，这个过程可能会非常痛。然后用大量自来水清洗伤口，涂上抗组胺药物和副肾皮质荷尔蒙药物，之后尽快前往医院治疗。

分 类 节肢动物门、唇足纲、蜈蚣目、蜈蚣科

体 长 8~15mm

生息地 中国、日本

食 物 蟑螂和蝗虫等小动物

WHITE
FLAG

第2章

潜藏在上学路上的危险生物

我们不仅在家中可能会被危险生物袭击，而且在上学的路上也可能面临着危险，道路两旁的灌木丛和小水沟等处都是危险生物的藏身之处。让我们来看一看在上学路上我们可能遇到哪些危险生物吧！

假如 树丛里有许多茶毒蛾幼虫

小诺今天早早地就来到了学校，因为今天他要和同学们一起打最喜欢的棒球。"哎呀！"球不小心掉到了道路旁边的灌木丛里。"必须捡回来才行！"小诺急忙拨开树枝寻找，并很快就找到了棒球，但就在他拿到球将胳膊抽回来的时候，忽然感觉胳膊上传来一阵刺痛……他往灌木丛里看了看，顿时吓了一跳。原来在一片树叶的背面，竟然藏着好多只毛毛虫！

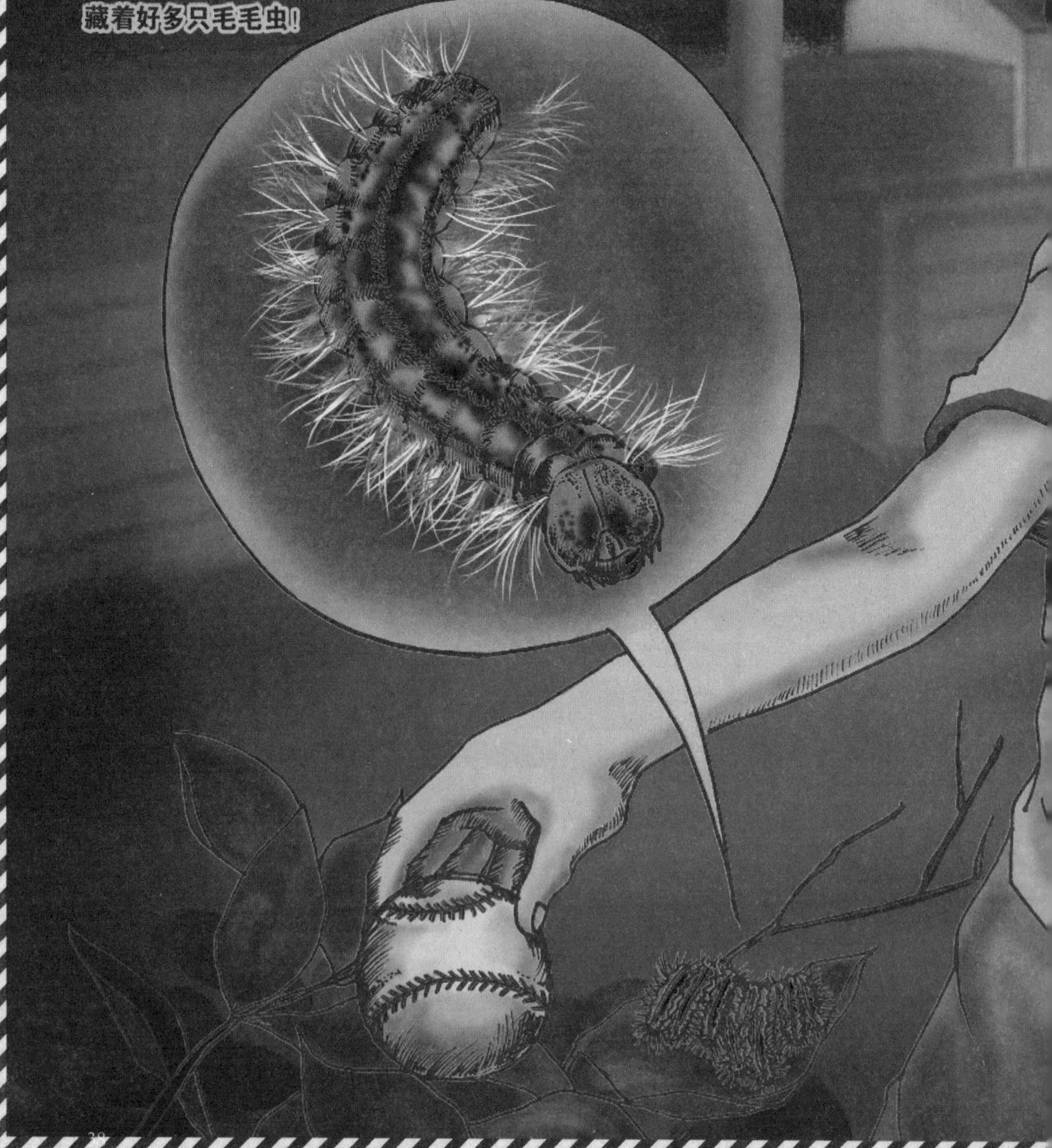

毛毛虫很喜欢躲藏在树叶的背面。虽然我们很容易被它们长满毒针的身体吓到，但其实它们的胆子也很小呢！

自我保护

牢记症状很重要！

茶毒蛾幼虫每年4月到10月都会躲在公园和灌木丛中以茶树、山茶、茶梅等植物的叶子为食。它们一般40~50只聚集在一起，一旦接触到就会被它们身上的毒毛刺伤。被刺伤后皮肤会很快出现又痛又痒的症状，用手挠的话会导致皮肤变红。

茶毒蛾幼虫的毒毛很细，就算穿着衣服，毒毛也会透过衣服上的缝隙刺伤皮肤。有时候就算没与茶毒蛾幼虫进行直接接触，只是在树下经过或者迎面吹来一阵强风也可能会出现被刺伤的症状，这是因为茶毒蛾幼虫身上的毒毛掉落导致的。虽然茶毒蛾幼虫的毒性并不会置人于死地，但有的人在被刺伤过一次之后会产生抗体，再次被刺伤时就会产生过敏反应，导致症状加重。外出时想彻底避免被茶毒蛾幼虫刺伤非常难，所以最好记住症状反应，怀疑自己出现被茶毒蛾幼虫刺伤症状的话，应该立刻去医院皮肤科接受治疗。

彻底解析

茶毒蛾幼虫的毒毛是导致刺伤的主要原因。虽然茶毒蛾在成虫后也有毒毛，但绝大多数毒毛都在扇动翅膀的时候抖落掉了，唯一有威胁的只有腹部末端的少量毒毛。

眼睛
在这个位置有6只单眼。

毛
据说有100万根以上的毒毛，非常细小。被刺伤的话会中毒，虽然茶毒蛾成虫也有毒毛，但最危险的还是幼虫。

腿
内侧胸部的位置有3对腿。

腿
只有幼虫时期在这一侧有附肢。

分 类	节肢动物门、昆虫纲、鳞翅目、毒蛾科
体 长	大约25 mm
生息地	中国国内各产茶区
食 物	幼虫以茶树、山茶、茶梅等山茶科的叶子为食

学习之后我也有信心了！

掌握了这些知识之后就不害怕危险生物啦！

用胶带去除毒毛！

袭击应对

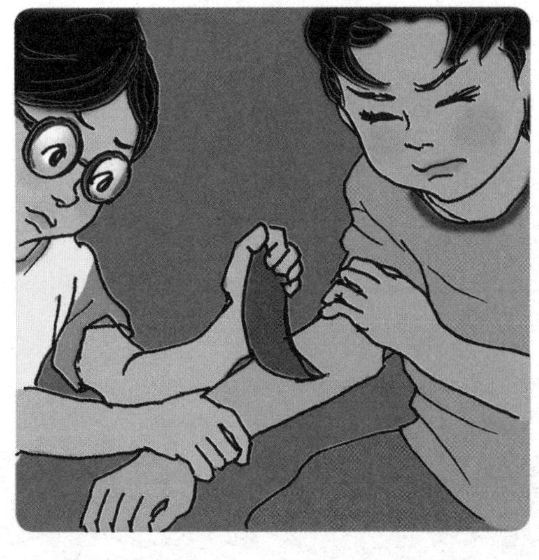

被刺伤的皮肤处残留有大量的毒毛，这时要立刻把胶带贴到患处，再一口气撕下来，然后立刻用清水冲洗。

如果有发炎的症状，可以先涂抹含有抗组胺药物成分的类固醇软膏，然后尽快去医院皮肤科进行治疗。被刺伤后千万不能用手挠，因为用手挠可能会使毒毛深入皮肤组织，导致症状持续更长的时间。另外，因为脱落的毒毛也有毒性，所以最好把当时穿的衣服换掉。

假如剧毒的赤背蜘蛛爬到了手上

今天小诺的运气可不怎么好。他本打算在放学回家的路上用零花钱买一瓶果汁，可是却不小心把硬币掉进了下水道里……他往下水道里看了一眼，发现只要将井盖挪开就能把硬币捡出来。于是他找来一根树枝将井盖撬起一条缝隙，刚好够他将胳膊伸进去。他在下水道里摸到了那枚硬币，然后慢慢地将胳膊抽了出来。可是当他将手掌翻过来的时候，却发现不知何时爬上来一只蜘蛛。仔细一看，这只蜘蛛黑红相间……竟然是有毒的赤背蜘蛛！“哇！”被咬啦！

任何生物都有自己的领地，小诺好像不小心闯入了赤背蜘蛛的领地！

自我保护

轻轻地把它弄掉！

当蜘蛛爬到自己身上的时候，千万不要慌张。蜘蛛在没有感受到危险的情况下是不会发动攻击的。赤背蜘蛛性情比较温顺，更不会突然发动攻击。赤背蜘蛛的毒牙只有0.7 mm长，如果隔着衣服，一般不会伤及皮肤。而且赤背蜘蛛发动攻击时注射毒素是为了麻痹猎物，但人类并不属于它的猎物范畴，所以不必担心。

一旦发现蜘蛛爬到了自己的手上或者衣服上，应该轻轻地将其弄掉。当它掉到地上之后，为了根绝后患，可以用鞋底把它踩死。如果蜘蛛落在脖子或者后背等自己看不见的地方，千万不能胡乱地用手驱赶，应该原地不动，让别人帮忙把蜘蛛弄掉。在这种情况下，可以用树枝之类的东西轻轻地靠近蜘蛛，让蜘蛛自己爬到树枝上。

蜘蛛与昆虫不同，它有8条腿。蜘蛛会从位于腿和腹部前段的丝囊里吐出丝，编成复杂且形状不规则的蜘蛛网。一旦猎物粘在网上，蜘蛛就会吐出有黏液的蛛丝将猎物困住，然后再用毒牙注入神经毒素，使猎物瞬间失去反抗能力。最后，蜘蛛就会用口器来吸食猎物的体液。

眼睛
有8只单眼。

毒牙
尖锐的毒牙能够刺穿猎物的身体，注入毒液。

腿
胸部有4对、8条腿。

如果不小心被蜘蛛咬伤，最好将蜘蛛的尸体（或蜘蛛）也带到医院去，会对诊查有帮助。

分　类　节肢动物门、蛛形纲、蜘蛛目、姬蛛科
体　长　雌性7~10mm、雄性4~5mm
生息地　澳大利亚到东南亚
食　物　昆虫和小动物

清洗伤口并冷敷！

如果被咬伤，请仔细观察伤口。如果伤口是两个并排的红色小点，那说明是被毒牙咬到了。如果置之不理，伤口很快就会肿起来，严重时还会流汗和发热。首先应该用自来水清洗伤口，然后用冰块冷敷缓解疼痛。如果处理不及时，毒素会导致皮肤化脓，所以应该尽快前往医院进行治疗。

假如 把萤火虫和会喷射毒液的豆莞菁搞混了

今天是休息日，小诺、阿护和秋儿3个小伙伴一起在田边散步。忽然，秋儿在胡萝卜的叶子上看到一只很像萤火虫的小虫子："你们看，真漂亮，是萤火虫吧……"虽然他们都见过萤火虫在黑夜中闪着光芒飞来飞去的模样，但却从没在白天的时候见过萤火虫的模样。"如果是萤火虫的话，肚子下面应该会发光呢！"秋儿说着，轻轻将小虫子拿了起来。小虫子挥动自己的6条腿拼命挣扎，接着将身体往上一抬，突然喷出一股不明液体！

豆莞菁遇到危险的时候
会立刻进入战斗状态!

仔细分辨!

这种昆虫在遇到危险的时候会从自己前腿的关节部位喷出黄色的毒液。毒液中含有一种叫作“斑蝥素”的毒素，一旦进入人体内就会导致人出现腹痛、呕吐和下痢等症状。一般情况下没有人会将这种昆虫放进嘴里，但毒液喷到皮肤上的话也会缓慢渗入人体。不过除非一口气吃掉几百只豆莞菁，否则少量的豆莞菁毒液并不会置人于死地。

在发现豆莞菁时及时地分辨出其种类非常关键，千万不能将豆莞菁误认为是萤火虫。当发现豆莞菁时一定要小心，尽量不要碰它。要是有豆莞菁落在身上，最好趁其静止不动的时候迅速将其从身上拨掉。动作一定要快，而且绝对不要用手捉它。昆虫爱好者可以轻轻地将其拿起然后迅速放进标本瓶里，仅仅是这种程度的接触是很安全的。

彻底解析

豆芫菁最危险的是从腿部关节处喷出的毒液。豆芫菁没有毒牙也没有毒针，更不会主动去攻击人类。只有在被追赶和突然被用力捉住时，出于防卫本能才喷出毒液。轻轻地将其拿起来是安全的。

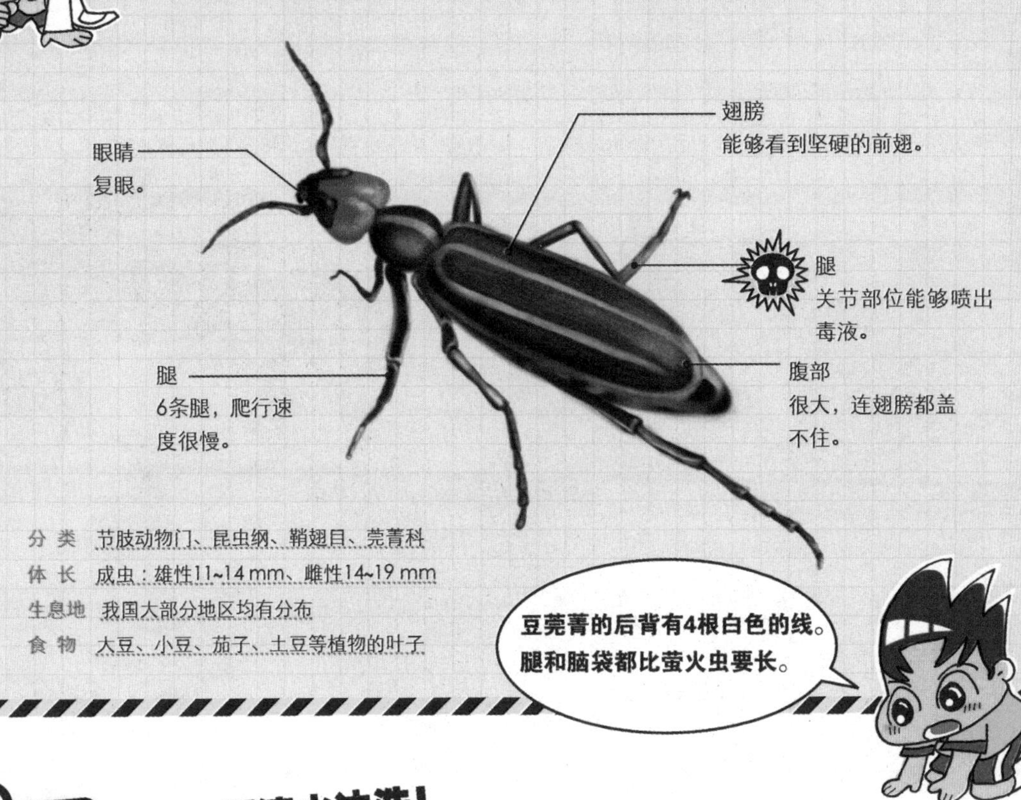

眼睛
复眼。
翅膀
能够看到坚硬的前翅。
腿
关节部位能够喷出毒液。
腿
6条腿，爬行速度很慢。
腹部
很大，连翅膀都盖不住。

分类　节肢动物门、昆虫纲、鞘翅目、芫菁科
体长　成虫：雄性11~14 mm、雌性14~19 mm
生息地　我国大部分地区均有分布
食物　大豆、小豆、茄子、土豆等植物的叶子

豆芫菁的后背有4根白色的线。腿和脑袋都比萤火虫要长。

袭击应对

马上用清水冲洗！

如果皮肤上莫名其妙出现像被烫伤一样的水疱并且感觉很痛，那就可能是接触到了豆芫菁的毒素，这时应该马上用清水冲洗患处。绝大多数情况下用水冲洗后症状就会缓解，但如果痛感强烈或者担心症状进一步恶化，可以涂抹一些含有抗生素的类固醇软膏。过敏体质的人尤其需要注意。不过，只要没有误食豆芫菁毒素，就不需要去医院。

假如被蟾蜍的毒液喷中了

学校旁边有一个公园。这天一早，秋儿在这里等待一起上学的小诺和阿护。就
想走到水池旁边休息一下的时候，却在路上遇到了一只蟾蜍！这只蟾蜍大模大样地蹲
中央，看着对面的秋儿，丝毫没有让路的意思。"怎么办呢……"就在秋儿一筹莫展的时
小诺及时地赶到了。"不就是只蟾蜍吗！"小诺说着就伸手去抓，但蟾蜍却一蹦一跳地
草丛里去了。小诺有些生气，猛地向蟾蜍扑了过去。就在这个时候……

蟾蜍虽然移动缓慢，
但会喷出毒液，
必须小心！

绝对不能触摸蟾蜍的耳腺！

蟾蜍又叫“蛤蟆”，一般情况下不会袭击人类。有时候蟾蜍可能会跳到人的身上，但那只是它走错路了。不用管它，它自己就会一蹦一跳地离开。唯一可能出现危险的情况就是人类尝试捕捉它的时候。一旦有什么东西碰到位于蟾蜍眼睛和耳朵之间的一个叫作“耳腺”的凸起处，蟾蜍就会从这里喷出毒液。如果抓住蟾蜍时的力量比较大，毒液甚至可能喷出30 cm。蟾蜍的毒液呈乳白色，含有会对神经造成影响的生物碱，一旦不小心进入口中，会导致心跳加速、呼吸困难等症状。

彻底解析

蟾蜍的皮肤上有很多脓包状的凸起，比较结实。这层皮肤能够保证蟾蜍从水中上岸之后身体不会干燥。在它眼睛的斜上方有一个细长的凸起，这就是“耳腺”，毒液就储藏在这里。

身体
皮肤很不光滑，全身充满脓包状的凸起，耐干燥。

眼睛
很大，而且凸出。

腿
没有尾巴，4条腿非常发达。后腿尤其壮实。

耳腺
位于眼睛后方、耳朵上方的凸起。毒液储藏在这里，通过小孔喷出。

鼓膜

分　类　脊索动物门、两栖纲、无尾目、蟾蜍科

体　长　8~18 cm

生息地　全世界温带至热带地区均有分布

食　物　偏向肉食

因为它的皮肤上布满了脓包状的凸起，所以又被叫作“癞蛤蟆”。

袭击应对

马上清除毒液！

蟾蜍的毒液非常苦，如果不小心进入口中，首先必须立刻将毒液吐出来，然后仔细漱口。毒液进入眼中会引发剧烈的疼痛，在这种情况下千万不能揉眼睛，应该立即用大量清水冲洗。用不含有药物成分的眼药水清洗眼睛也可以。然后要立即前往医院进行治疗。

假如 恐怖的刺蛾幼虫从树上掉下

小诺今天很快就写完了作业，然后开心地拿着纸飞机跑出家门去享受愉快的游戏光。忽然吹来了一阵风，小诺的纸飞机乘着风高高飞起，落在了墙边的柿子树上。“糟糕！”小诺拿着一根树枝想将纸飞机捅下来，但是飞机有点儿高，站在地上还差一点才能够到。于是小诺用力跳了起来，终于打到了上面的树枝。就在这时！一条绿的毛毛虫从树枝上掉了下来……

危险！刺蛾幼虫又叫洋辣子，被蜇到可是很痛哟！

刺蛾在树木周围的时候要小心！

刺蛾幼虫并不会主动攻击人类。只有在人类接触到它的身体时，它才会出于防卫的本能刺出毒针。所以，不与刺蛾幼虫发生接触就是保护自己最好的方法。

刺蛾幼虫一般出现在茶树、梨树、樱花树、苹果树等树木上，因为它喜欢吃这些树的叶子。刺蛾幼虫会隐藏在茂密的树叶之中，用自己身上的花纹作为保护，躲避鸟类的捕食。在攀爬上述这些树木的时候一定要多注意周围的情况。另外，因为刺蛾幼虫可能会从树叶上掉落下来，所以尽量不要摇晃树木，也不要在树下长时间逗留。

如果刺蛾幼虫掉在身上，千万不要用手碰触，应该找树枝或者厚实的树叶来将它拔掉。刺蛾幼虫冬季会变成蛹，虽然蛹壳的表面没有毒毛，但包裹在其中的幼虫仍然有毒毛，所以同样需要注意。

彻底解析

刺蛾幼虫最危险的地方就是毒毛。它们背部的毒毛位于身体上的肉质凸起处。这些毒毛好像注射用的针头一样，中间是空的，一旦刺入目标体内就会注入毒液。不过，它们的腹部是没有毒毛的，像蜗牛一样。

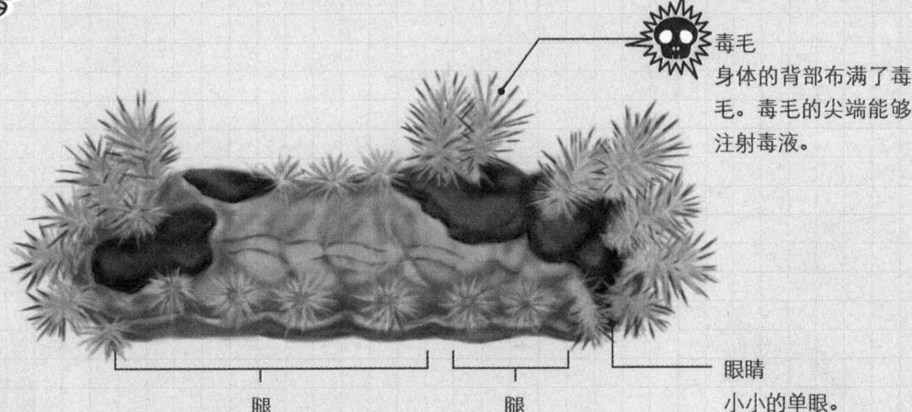

毒毛
身体的背部布满了毒毛。毒毛的尖端能够注射毒液。
腿
只有刺蛾幼虫才有附肢。
腿
6条腿是昆虫的主要特征。
眼睛
小小的单眼。

分类　节肢动物门、昆虫纲、鳞翅目、刺蛾科
体长　成虫：翼展长大约3 cm；幼虫：大约2 cm
生息地　全世界温带至热带地区均有分布
食物　幼虫以茶树、梨树、樱花树、苹果树等树叶为食。成虫口器退化，什么也不吃

刺蛾幼虫就生活在我们身边的树木上，所以千万不要随便摇晃树木哟！

袭击应对

芦荟有效！

一旦不小心接触到刺蛾幼虫的毒毛，会感到如同触电般的疼痛，然后皮肤就会出现水疱和皮疹。大约一小时之后疼痛感会减轻，但取而代之的是严重的瘙痒感，如果一直不进行治疗，瘙痒感能够持续一个星期。虽然目前尚不清楚刺蛾幼虫毒素的详细成分，但涂抹抗组胺药物和芦荟汁液都能够有效缓解中毒症状。必要时可以去医院的皮肤科就诊。

假如乌鸦突然从身后发动俯冲袭击

今天早晨的天气十分晴朗，知了在树上大声地唱着歌。秋儿出门帮母亲扔垃圾，刚好遇到小诺。“早上好，小诺！”“早上好啊！”小诺话音未落，忽然感觉自己的头发不知被谁扯了一下。“好疼！干什么啊？”小诺愤怒地转过头去，却发现身后的人自己根本不认识。好奇怪啊……就在小诺感觉莫名其妙的时候，他忽然指着秋儿的头上大叫了一声“危险！”原来刚才拉扯小诺头发的那个坏家伙，正在急速向秋儿逼近！

乌鸦不但拥有很高的智商，攻击性也很强。就算你什么都没做，它也有可能突然对你发动袭击！

在乌鸦繁殖的季节要注意观察！

在初夏时节，乌鸦会在树上筑巢繁殖后代。在城市的道路两旁和公园中的树木高处，经常能够看到乌鸦的窝。乌鸦为了保护自己的窝会对接近的所有生物发出警告，一旦警告不起作用，乌鸦就会俯冲下来发动攻击。

要想保护自己不被乌鸦袭击，首先最重要的一点就是不要轻易靠近乌鸦筑巢的树木。去公园的时候最好仔细观察乌鸦的状态。一旦不小心接近了乌鸦的窝而遭到攻击，最好的办法是迅速离开，不要跟它纠缠。知道乌鸦窝的位置之后，下次路过时要尽量绕开。过了初夏的繁殖期之后，乌鸦的攻击性就会大大降低，所以只要那段时间避开就好。另外，乌鸦也是人类文明行为的监督员。如果乌鸦频繁出现而且数量很多，那说明随意乱扔垃圾的人很多。

彻底解析

乌鸦是雀形目中体形最大的鸟。乌鸦的脑容量很大，所以拥有很好的记忆力。甚至有学者认为乌鸦的智商比原始人类还要高。乌鸦拥有敏锐的视觉，能够在高处对地面上的状况进行观察。乌鸦的嘴又大又锐利，力量也很强，能够轻松咬破塑料包装，喜欢吃厨余垃圾和肉类。

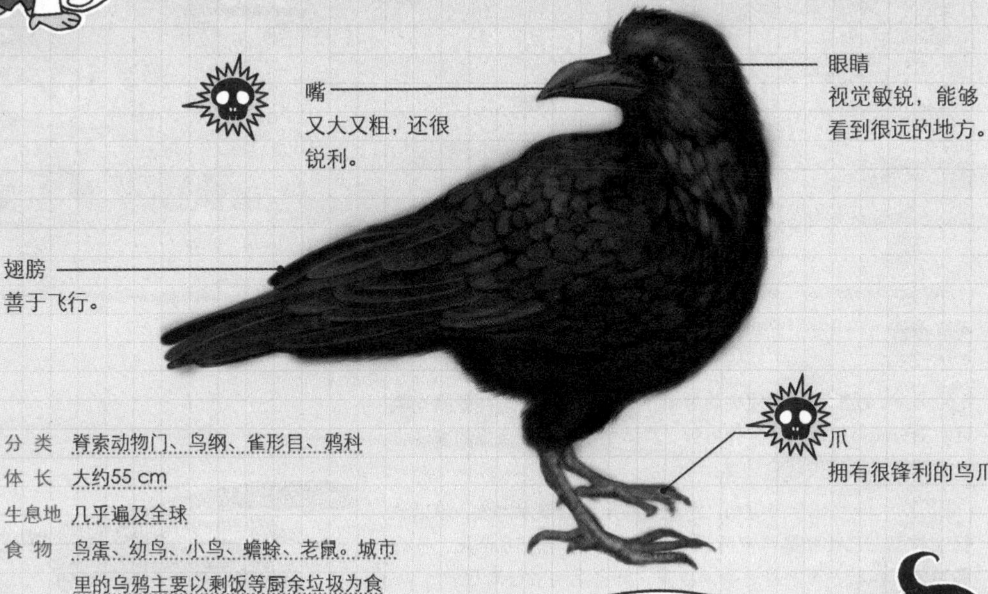

嘴
又大又粗，还很锐利。
眼睛
视觉敏锐，能够看到很远的地方。
翅膀
善于飞行。
爪
拥有很锋利的鸟爪。

分 类　脊索动物门、鸟纲、雀形目、鸦科

体 长　大约55 cm

生息地　几乎遍及全球

食 物　鸟蛋、幼鸟、小鸟、蟾蜍、老鼠。城市里的乌鸦主要以剩饭等厨余垃圾为食

据说乌鸦的记忆力都很好，所以招惹了它会遭到报复哟！

袭击应对

不用治疗！

乌鸦不会落在人类的头上用嘴啄个不停。就算遭到乌鸦的俯冲袭击，一般也就是头部被乌鸦的爪子挠一下。万一被挠破出血了，只要及时消毒即可，不必特意前往医院进行治疗。虽然也有人很害怕乌鸦，但只要了解了乌鸦的习性，就会发现乌鸦并不是那么可怕的生物。

还有呢！

上学路上的危险生物

在上学的路上除了会与很多人擦肩而过之外，还会遇到很多危险的生物，一定要多加注意才行。

胡蜂

危险性 胡蜂喜欢在住宅的屋檐下筑巢，所以跟人类距离比较近。胡蜂的身体比较大，有毒针，群体生活，拥有很强的攻击性。一旦蜂巢遇到危险就会倾巢出动。

应对方法 一旦被胡蜂蜇到，应该立即用大量清水冲洗，然后涂抹上抗组胺药物和副肾皮质激素药物。如果出现荨麻疹、头疼和呕吐等症状，可能是过敏，应该立刻去医院进行治疗。

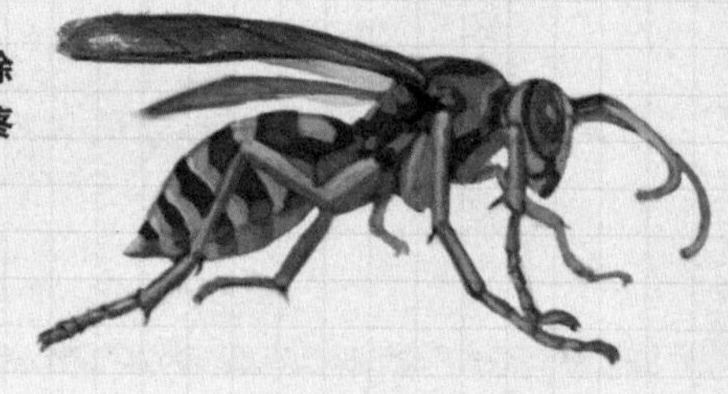

分类 节肢动物门、昆虫纲、膜翅目、胡蜂科
体长 1.4~1.8 cm
生息地 世界各地都有分布
食物 花蜜等

蜜蜂

危险性 蜜蜂在一般情况下是无害的，但感觉到危险时会发起群体攻击。蜜蜂的毒针会发出信息素吸引伙伴聚集过来。蜜蜂的毒针上有倒刺，一旦刺入就拔不出来。

应对方法 被几只蜜蜂蜇到并无大碍，但蜜蜂会发动群体攻击，所以在遭到攻击后应该迅速逃离该区域。对蜜蜂有过敏反应的人需要特别注意。

分类 节肢动物门、昆虫纲、膜翅目、蜜蜂科
体长 大约1.2 cm
生息地 主要分布于温带地区
食物 花蜜

棕色隐遁蛛

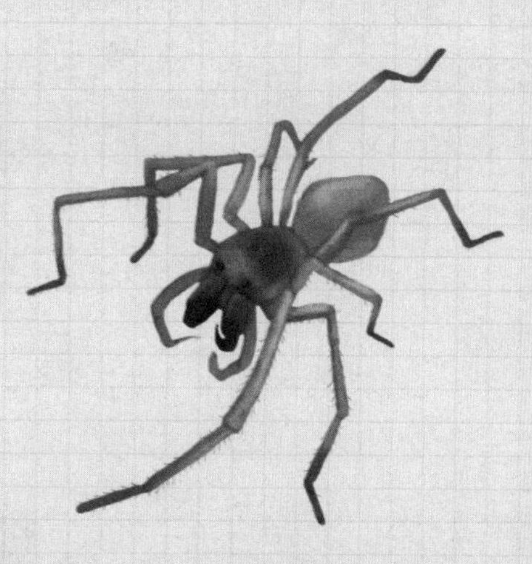

危险性 虽然棕色隐遁蛛的毒性比赤背蜘蛛稍弱，但因为其经常隐藏在庭院的阴暗处，所以经常会与人类相遇。虽然棕色隐遁蛛的攻击性不强，但如果直接用手抓，还是有可能被咬伤的。

应对方法 进行室外作业的时候戴手套，定期清扫花架下方和空调室外机背后，清除棕色隐遁蛛的网。一旦不小心被咬伤，最好带着咬伤自己的蜘蛛一起去医院进行治疗。

分 类 节肢动物门、蛛形纲、蜘蛛目、姬蛛科

体 长 0.7~1.0 cm

生息地 世界各地都有分布

食 物 小昆虫等

多纹枯叶蛾幼虫

危险性 多纹枯叶蛾幼虫的胸部和腹部有很长的毛，背部长有成束的黑毛，这些黑毛是有毒的。一旦遇到危险，这些黑毛就会膨胀开，随时准备刺入目标。

应对方法 被多纹枯叶蛾幼虫的毒毛刺到会引发皮疹。首先，应该尽量避免与其发生接触，一旦不小心被刺伤，可以用胶带把毒毛粘出来，然后用清水冲洗伤口。症状严重的话，应该立即前往医院进行治疗。

分 类 节肢动物门、昆虫纲、鳞翅目、枯叶蛾科

全 长 12 cm

生息地 广泛分布于印度、中国、西伯利亚一带

食 物 橡树、栎树、樱花树、梅树等的叶子

牛虻

危险性 夏季，在牧场、森林、高原等地经常能够遇到这种生物。如果穿着短袖衣服和短裤，就会被牛虻叮住裸露的皮肤吸血。过敏体质的人尤其需要注意。

应对方法 穿长袖衣服和长裤，脖子处搭一条毛巾。也可以在身上喷洒或者涂抹驱赶蚊虫的药物。一旦被叮咬会出现红肿和瘙痒的症状。最好不要用手挠伤口。

分 类 节肢动物门、昆虫纲、双翅目、虻科

体 长 1.7~2.3 cm

生息地 世界各地都有分布

食 物 树液和动物的血

第3章

潜藏在山上和海里的危险生物

人类也属于动物，若是离开大自然久了，很容易在心理上出现问题，所以身为人类的我们也应该经常融入大自然之中治愈自己的心灵。不过，大自然里也潜藏着许多危险的生物，为了不被它们伤害，了解一些相关的知识是很有必要的。要想克服恐惧心理，最好的办法就是搞清楚危险的来源。来吧，让我们一起到大自然中看一看！

假如身体被蜱虫这个小恶魔咬住了

今天的天气很不错，小诺和阿护一起去爬山，远处传来了布谷鸟的叫声。两人沿着小路向上走，很快就走进了树林之中。小路两旁长满了灌木和杂草，就像一条绿色的隧道。两人穿过茂密的树丛，终于来到了一片宽阔的草地。“真舒爽啊，咱们在这儿休息一下吧！”

小诺拿起水壶喝水，忽然有些奇怪的感觉。他猛地掀起自己的T恤衫，顿时被眼前的景象吓了一跳，只见一只茶红色的小虫子正趴在他的肚皮上吸血呢！

蜱虫会紧紧地吸附在人的皮肤上吸血，千万不要用手把它摘下来！

自我保护

避免与草接触!

从初夏到秋季都是蜱虫活动的活跃期,蜱虫会在树叶和草丛中等待人类等恒温动物※出现。它们能够感知动物呼吸产生的二氧化碳以及体温、气味、移动时造成的空气流动等,当有动物经过时就会跳到动物身上。蜱虫能够钻进人类的衣服里面,用像剪子一样的口器割开皮肤,将整个脑袋都伸进去吸血。蜱虫在吸血的同时还会分泌出一种防止血液凝固的唾液,唾液中含有多种病原体,是引发疾病的主要原因。

为了防止被蜱虫咬伤,首先尽量不要进入草丛,也不要毫无防备地坐在草地上。如果必须经过草丛的话,应该穿好长袖衣服和裤子,在手腕和头部喷涂防虫药水。衣服上最好也喷点儿,能够有效防止蜱虫跳到衣服上。在回家之后也要第一时间检查身上是否有蜱虫。

※指鸟类和哺乳动物,因为体温调节机制比较完善,能在环境温度变化的情况下保持体温的相对稳定。

彻底解析

蜱虫不是昆虫，它拥有8条腿。在蜱虫的腿上有一种名为“哈氏器”的感知器官，能够感知二氧化碳和温度，作用和昆虫的触角很相似。在吸血之后，蜱虫腹部会膨胀到赤豆那么大，体重增长100倍以上。

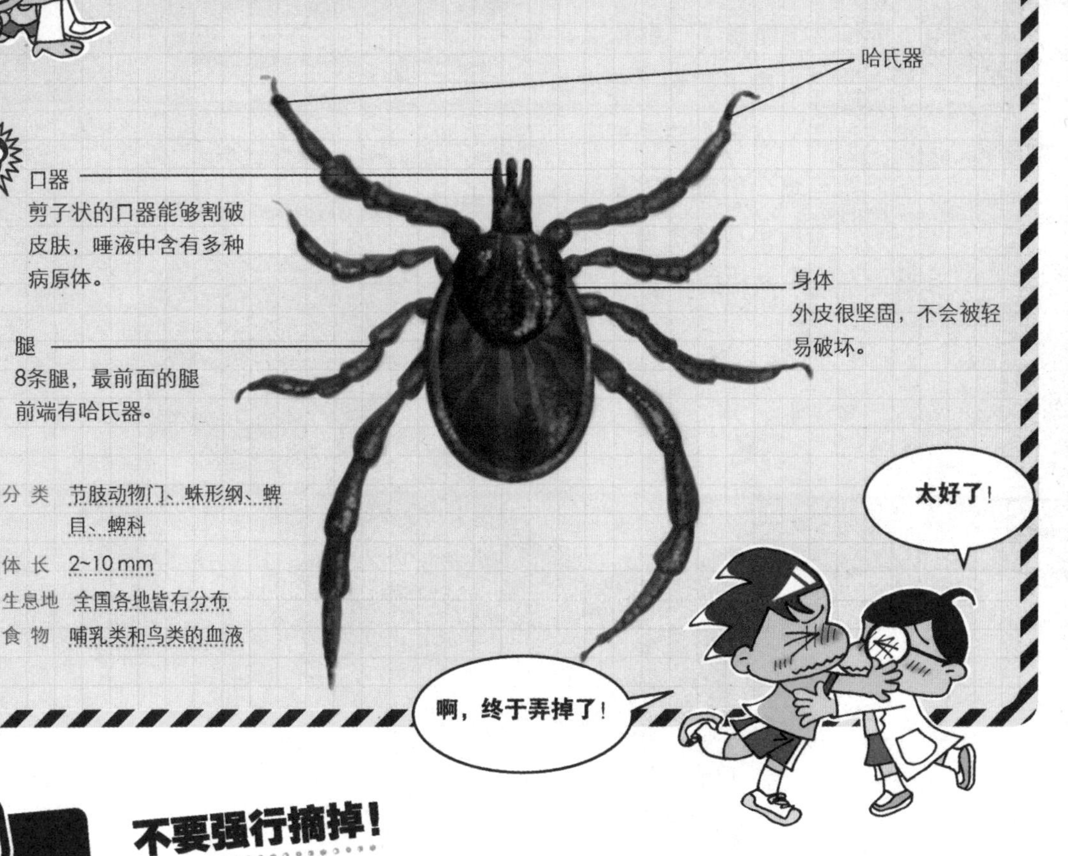

袭击应对

不要强行摘掉！

蜱虫一旦咬上猎物，会停留在其皮肤上好几天，一直吸血。如果强行将蜱虫摘掉，只能把它的身体扯下来，它的头部还会残留在皮肤里。有人说可以用消毒酒精让它停止吸血，但这样做也有可能导致蜱虫死亡，残骸就会留在体内，所以一旦发现被蜱虫吸住，应该尽快去医院进行治疗。

假如 惹怒了虎头蜂

小诺和阿护休息了一会儿又继续沿着树林中的小路前进。忽然，有一只小虫子落到了走在前面的小诺头上。小诺没有理会继续往前走，这只小虫子却爬到了他的脸上。小诺挥了挥手想把它赶走，这个时候他才发现这只小虫子竟然是虎头蜂！虎头蜂以为小诺挥手要攻击自己，于是它回去找来了许多同伴，从树林深处向小诺和阿护发起了攻击……

LOOKOUT!
虎头蜂是森林里的凶恶杀手，一旦被它螫伤，就会坠入恐怖的深渊……

自我保护

一动不动！

虎头蜂在初夏时节开始筑巢，从秋季到第二年养育新的蜂后，所以夏季是工蜂最敏感的季节。虽然一只虎头峰的毒量并不多，但遭到蜂群的袭击就很可怕了。蜂毒能够引发过敏性休克。被蜜蜂袭击过一次的人体内会产生抗体，再次被蜜蜂袭击就会产生过敏反应，出现急性的过敏症状。在遇到蜜蜂时首先要保持冷静,仔细分辨是不是虎头蜂。据说如果发现一只虎头蜂,那么在50米之内肯定有蜂巢。如果同时发现两只，那么在10米之内就有蜂巢，应该立刻悄悄地离开！

但有时候我们可能会在不经意间惹怒了虎头蜂。随意的挥手都可能让虎头蜂以为自己遭到了袭击，从而召集伙伴为了保护蜂巢而发起攻击。在这种情况下保护自己最好的办法就是像石头一样一动不动。虎头蜂的眼睛只能分辨黑白和轮廓等大致的影像。在它们看来,会动的就是敌人,不会动的则是石头和树木,所以只要待在原地一动不动,它们很快就会离开的。

彻底解析

虎头蜂是体型最大的蜜蜂。当虎头蜂遇到危险时，会发出警报信息素通知同伴。人类使用的香水和洗发水(果实与鲜花香味)中可能含有同样的物质，会引起虎头蜂的误会，导致其发动攻击。

眼睛
复眼，但视力较差。

翅膀
有4只翅膀，飞行时会发出嗡嗡声。

触角
警报信息素的传感器，一旦感知到警报信息素，就会发动攻击。

毒针
能够轻而易举地刺穿皮肤，有很强的毒性。

嘴
非常有力。能够将猎物撕碎，还能用来搬运筑巢的材料。

腹部
从此处向敌人目标喷射含有警报信息素的毒液，通知同伴发动攻击。

分 类	节肢动物门、昆虫纲、膜翅目、胡蜂科
体 长	2.7~4.5 cm
生息地	东亚地区
食 物	幼虫以成虫捕捉的毛毛虫和其他小昆虫以及花蜜为食，成虫以花蜜和树液为食

过敏性休克会引发血压降低，严重时会出现呼吸困难和血液循环障碍等症状，可能致人死亡。

袭击应对

把毒液吸出来!

被虎头蜂蜇伤后，如果贸然行动，会遭到更加猛烈的攻击，所以应该一边观察情况，一边慢慢离开。确认安全之后应该立刻将毒液从伤口处吸出来。一般情况下可以用手指将毒液挤出，如果嘴里没有伤口和蛀牙，也可以用嘴巴将毒液吸出来。有吸引器的话就更好了。虎头蜂的毒液具有水溶性，因此在吸出毒液后应该立即用水清洗伤口，冰敷也有很好的效果。然后，要及时去医院进行治疗。

假如 被毒蛇之王蝮蛇盯上了

好不容易才从虎头蜂的围攻中逃出来的小诺和阿护小心翼翼地继续往前走。翻过一个山头之后，他们看到了一条小溪。两人决定就在这里休息一下，顺便吃顿午餐。这里既有树荫，又有流水，真是凉爽宜人……小诺找了一块大小合适的岩石刚要坐下，忽然在脚边发现了一条蛇！小诺吓得连声音都发不出来。这条蛇盘在地上，将脑袋高高抬起，显然是随时准备发动攻击。如果轻举妄动，这条蛇就会立刻扑上来！

绝对不能随便坐在岩石上！蝮蛇有尖锐的牙齿和剧毒的毒液！

LOOKOUT!

保持足够远的距离！

蝮蛇的毒性比响尾蛇强。不过，因为蝮蛇大多体型较小，所以毒量也比较少。蝮蛇的毒素不是神经性毒素，所以不会突然引发心脏骤停。但是，被蝮蛇咬伤的部位会严重肿胀，然后毒素缓慢扩散至全身。蝮蛇的毒素会从身体内部破坏血液、血管及其周边的身体组织，使淋巴液和血液渗透进皮下组织，最终导致皮下出血、呕吐以及麻痹。

蝮蛇主要在夜间出来活动，白天喜欢待在凉爽的地方。春季和秋季的阴凉处、夏季的溪流边都是蝮蛇时常出没的地方，绝对不能随便坐在这样的地方！在野外时，首先要对周围进行仔细观察。一旦发现蝮蛇，要第一时间远离。如果无法做到远离，应该用长木棒之类的工具将其赶走。这样即便蝮蛇抬起头部发动攻击，也能够保证自己处于危险范围之外，不会被它咬伤。

彻底解析

蝮蛇的特征比较明显，它的身体看起来比较短粗，头部接近三角形，后背上有黑斑花纹。三角形的头部说明其拥有发达的毒腺，意味着内部储存有大量的毒液。

陷窝器
能够感知其他猎物散发的热量，使蝮蛇在夜晚等能见度很低的环境中也能够准确地发现猎物。

眼睛
很大，瞳孔呈一条竖线。

毒牙
位于口腔前部。尖锐的牙齿内部像注射器一样，能够注射毒液。

分 类	脊索动物门、爬行纲、有鳞目、蝰蛇科
全 长	40~75 cm
生息地	我国北部和中部均有分布
食 物	主要捕食老鼠，也吃蜥蜴和青蛙

蝮蛇的牙齿平时在口腔内是倒着的，只有在张开嘴巴的时候才会竖起来！

阻断毒素扩散！

虽然蝮蛇的毒素扩散比较缓慢，但被咬伤之后就算吸出毒液也没什么太大的效果。一旦被咬伤，首先应该将伤口与心脏之间的肢体轻轻地扎起来。如果扎得太紧，会因为血液流动不畅导致氧气含量不足，加速伤口处坏死。每隔10分钟就将扎的地方松开，让血液流动，然后再重新轻轻地扎起来，这样能够降低毒素扩散的速度。毒素一旦进入心脏，就会在瞬间遍及全身，所以，被咬伤后要尽快前往医院进行治疗。

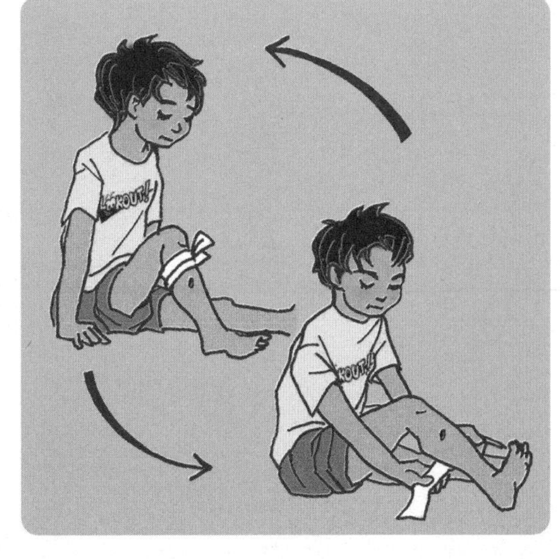

假如僧帽水母漂流到自己的身边

暑假快要结束了，今天大家相约一起去海边游玩。台风刚刚离去，海面上一片风平浪静，正是适合下海游泳的时候。“千万不能去深水区”“不要和同伴离开太远”……家长们不放心地提醒道。3个小伙伴在海水里玩得不亦乐乎。“太开心啦！！”“快看，这里有鱼在游呢！”就在这时，他们发现旁边漂过来一个好像丝带一样的东西。小诺戴上潜水镜潜到水下一看，发现那竟然是有剧毒的“僧帽水母”！3个小伙伴大吃一惊，却发现自己已经被僧帽水母群给包围了！

看似美丽的东西往
往都充满了陷阱。被
僧帽水母蜇到会感
觉到电击般的刺痛。

用T恤衫来保护自己!

僧帽水母会在夏末随着海潮漂流到沿岸地区，所以在这段时间下海游泳需要特别注意。僧帽水母一般生活在热带与亚热带海域，但会顺着暖流北上。僧帽水母的触手会随着水流摆动，一旦被其触手蜇伤会感到剧烈的疼痛。因为这种疼痛感和触电的感觉很相似，所以僧帽水母又被称为“电击水母”。

因为僧帽水母的触手是透明的，所以在海里几乎看不见。只有在水中碰触到僧帽水母，并且感觉到剧痛后才会发觉。不过，因为其触手上的刺胞(注射毒素的毒针)非常短，所以只要穿着T恤衫下海就能够防止被蜇伤。T恤衫还能够防止被晒伤，是夏季保护身体的绝佳选择。

彻底解析

僧帽水母和一般的水母不同，它是由两个不同的个体所组成的。每个个体承担的责任也各不相同。其中浮囊的直径大约为10cm。位于其下方的触手部分的长度一般为1m，但也有10~16m长的。

浮囊
负责汇聚其余个体和保持漂浮状态。

触手
拥有无数个刺胞，能够发射出毒针，负责捕捉猎物。

与虎头蜂一样，被第二次蜇伤的话会引发过敏反应，非常危险！

分 类 刺胞动物门、水螅虫纲、管水母目、僧帽水母科
全 长 1~16 m
生息地 热带海洋
食 物 小型鱼类等

袭击应对

立即用大量清水冲洗！

被僧帽水母的触手碰到，刺胞中的毒针会使皮肤出现红肿和剧痛。应该立即用大量清水进行清洗，然后用芦荟的汁液轻轻涂抹伤口。芦荟的汁液能够中和僧帽水母的毒素，使毒针脱落。等伤口干燥后涂上止痛药膏即可。注意：伤口不要碰到醋等酸性液体！

危险程度

假如 在海边发现闪耀着神秘光芒的
蓝环章鱼

3个小伙伴从水中上岸后来到岸边的礁石上玩耍。他们一边在岩石上散步，一边欣赏海潮。虾虎鱼、海葵、寄居蟹、海胆……他们找到了好多有趣的海洋生物。忽然，小诺发现了一只小小的章鱼。这只章鱼躲在岩石的缝隙之中，它发现小诺后身体像霓虹灯一样发出了蓝色光芒！这一切都没有逃过小诺的眼睛："拿去给大家看看吧！"就在他正要将章鱼抓住的时候，阿护突然大声叫道："不要碰！"

蓝环章鱼是潜藏在海
中的可怕杀手！它身
上的美丽花纹正是警
告外界自己"很危险"
的信号。

不要接近海边奇怪的蓝色物体！

蓝环章鱼的毒性很强，人一旦中毒会出现呕吐和痉挛等症状，严重的可能会导致死亡。蓝环章鱼的毒素和河鲀的毒素同属于"河鲀毒素"，据说蓝环章鱼一次释放出的毒素剂量足以使7名成年人麻痹甚至死亡。别看蓝环章鱼的个头不大，但当它被抓住的时候，位于其触手部位的蓝色花纹就会如同霓虹灯一样发出蓝色的光。这种颜色表示它非常愤怒。贸然捕捉蓝环章鱼是非常危险的行为，要想保护自己不被蓝环章鱼伤害，最好的办法就是不要接近它。

另外，去海边游玩的时候最好不要独自一人，小朋友一定要在成年人的陪同下前去。在海中游泳的时候应多加注意，一旦在水中被蓝环章鱼攻击，很容易因为麻痹而溺水导致死亡。而剧烈运动会让毒素迅速传遍全身，加速出现麻痹和呼吸困难的症状。

蓝环章鱼的身体上布满了圆环状的条纹，在愤怒时会发出蓝色的光芒。虽然蓝环章鱼有剧毒，但它的生活习性和普通的章鱼一样，喜欢在珊瑚礁之间和潮间带※处活动，以螃蟹、虾和小鱼为食。蓝环章鱼在秋季产卵，雌性蓝环章鱼会不吃不喝守护这些卵长达半年。当卵孵化时，雌性就会死亡。

※平均最高潮位和最低潮位间的海岸。

分 类	软体动物门、头足纲、章鱼目、章鱼科
全 长	大约12 cm
生息地	分布于印度洋、太平洋、大洋洲、日本、菲律宾等海域
食 物	螃蟹、虾和小鱼

眼睛
和高等生物一样的透镜眼。

圆环条纹
愤怒时会发出蓝色的光芒。

触手
有8条触手。

口器
能够注射毒液。

在被攻击时身体不会有任何感觉，但很快就会出现麻痹症状。

用人工呼吸来维持呼吸！

被蓝环章鱼咬到的地方只会渗出少量的血液，完全感觉不到疼痛。但几分钟之后就会感到手臂发麻，嘴周围出现针扎一样的疼痛。5分钟之内全身就会完全麻痹，连呼吸也会变得困难起来，30分钟之后开始出现痉挛。一旦出现这种情况，周围的人应该立即对伤者进行人工呼吸来维持呼吸，同时迅速送往拥有呼吸机的医院进行治疗。

假如 不小心接近了海中的杀手

半环扁尾海蛇

海洋是生物的宝库。3个小伙伴开心地在海水里对美丽的海洋生物进行观察。他们套着游泳圈，戴上潜水镜向水下观望。红色、黄色、紫色……五彩斑斓的生物穿梭在海底的礁石之间。有成群结队游泳的小鱼们，还有躲在礁石缝之中的小虾……3个小伙伴完全沉浸在这美丽的海底世界中。他们不经意间向一个比较大的礁石缝隙望去，却发现一条蛇摇摇摆摆地游了出来。是海蛇！海蛇是眼镜蛇的近亲，同样拥有很强的毒性。海蛇游泳的速度非常快，3个小伙伴急急忙忙地想要逃开，但海蛇却迅速逼近他们！

据说半环扁尾海蛇的
毒性比眼镜蛇还强！

在海边一定要加倍小心！

据说半环扁尾海蛇的毒性比眼镜蛇还强！猎物只要被它咬中，立刻就会失去反抗能力。人类一旦被它咬伤，绝大多数情况下都难逃厄运。

海蛇和鱼不一样，它需要用肺呼吸，所以一般生活在浅水区。平时海蛇都隐藏在岩石的缝隙之中，但在捕猎的时候就会进入海中，所以经常会与游泳的人类相遇。也就是说，只要下海游泳，就有被海蛇咬伤的危险。人如果在潜水时被海蛇咬伤，很容易陷入恐慌状态，有在毒发身亡之前就淹死的危险。一旦在海边遭遇海蛇，一定要远远地躲开。海蛇本身没有很强的攻击性，嘴也很小，只要不去接触它，就没有危险。

彻底解析

半环扁尾海蛇的祖先可能是生活在陆地上的眼镜蛇，因为与其他种类的海蛇相比，它对海洋的适应能力较低。半环扁尾海蛇还残留着陆地蛇类的形态，脑袋比较大，身体的断面呈圆形。虽然半环扁尾海蛇不太喜欢游泳，但它的尾巴还是进化成了竖起的扁平状，可以帮助其在水中迅速游动。

鼻孔
位于头部两侧。

眼睛
没有眼睑，所以不能闭合。

尾部
像鱼尾巴一样竖起的扁平状，适合游泳。

毒牙
嘴很小，上颚前方的牙也很小，但毒性极强。

分类 脊索动物门、爬行纲、有鳞目、眼镜蛇科

全长 70~150 cm

生息地 主要分布在西太平洋地区，中国主要集中在辽宁（大连）、福建（平潭）、台湾等地

食物 主要以鱼类为食，也吃虾和螃蟹

半环扁尾海蛇不能长时间潜水，每隔一段时间就要到水面上呼吸。

挤出毒液，保持静止！

袭击应对

半环扁尾海蛇拥有一种非常特别的毒素“埃拉布毒素”，被这种毒蛇咬伤虽然没有疼痛和肿胀的现象，但致死率却超过50%，所以非常危险。一旦不小心被半环扁尾海蛇咬伤，应该迅速返回陆地，寻求其他人的帮助。救治者首先需要将毒液挤出来或者用嘴吸出来，然后迅速呼叫救护车。伤者应该保持静止。一旦出现呼吸和心跳停止的情况，周围人应该立即对伤者进行人工呼吸和心脏复苏，尽快将伤者送往医院。

假如 在森林中遭遇最强的猛兽

今天阿护和小诺一起进行自然课的调查。阿护研究的主题是森林中的生物。因为
人之前已经学过了蜱虫、虎头蜂和蝮蛇的相关知识，所以放心大胆地在森林中前进。
护不经意间向旁边昏暗的地方瞥了一眼，却在森林的深处发现了一个黑色的身影。“嗯？
阿护奇怪地嘀咕道。紧接着，他看清了那个身影的本来面目。“是黑熊！”两人顿时愣
原地。黑熊缓缓地向他们二人走来，眼睛也一直盯着他们。还有10m！小诺几乎能听
自己心脏剧烈跳动的声音。忽然，黑熊停下了脚步，它是要发动攻击了吗……

遭遇黑熊的时候千万不能轻举妄动，因为稍有不慎就会被瞬间干掉！

盯着黑熊的眼睛慢慢后退！

首先要稳稳地站直，眼睛盯着黑熊的眼睛。因为黑熊的视力不怎么好，所以可以将双手举过头顶，让对方以为你很高大。如果黑熊的喘息变得急促，身体开始左右摇摆，说明它进入了兴奋状态。这时要盯着黑熊的眼睛，注意黑熊的一举一动，同时慢慢地向后退。黑熊虽然吃肉，但更喜欢吃栗子之类的食物，所以一般不会袭击人类，在和黑熊拉开距离之后就可以正常离开了。如果贸然向黑熊扔石头或者拔腿就跑，反而会激怒黑熊。让黑熊知道你既没有危险也不打算逃跑是最重要的。

如果在慢慢后退的时候遭到黑熊的攻击，那就只能进行反击了。找一个结实的棒子朝黑熊的眼睛和鼻子上打。有种说法是可以装死，但在装死的时候黑熊会过来咬和撕扯你的身体，必须要忍耐这种痛苦才行。切记：一定要保护住头部！

彻底解析

黑熊体型庞大，很有力量。熊掌上有锐利的爪子，一般用来爬树和挖洞。黑熊的眼睛很小，耳朵是圆形的。黑熊在发动攻击的时候会首先快速冲向目标，然后直立身体，用前爪打击目标，随后趴下用嘴撕咬。

毛
皮毛非常坚硬。

眼睛
很小，视力很差。

尾巴
又短又小。

嘴
拥有又长又尖的牙齿，咬合力很强。

黑熊的胸前一般都有一个白色的月牙形状花纹，但似乎也有一部分黑熊没有。

分类　脊索动物门、哺乳纲、食肉目、熊科
体长　最长1.9 m
生息地　分布于我国大部分地区
食物　杂食，除了水果和坚果之外，还喜欢吃蚂蚁和蜂蜜

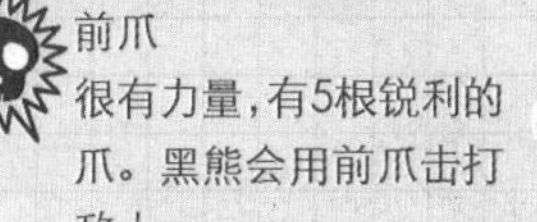

前爪
很有力量，有5根锐利的爪。黑熊会用前爪击打敌人。

遇袭凶多吉少，尽量避免遭遇！

袭击应对

遭到黑熊的袭击基本相当于被判了死刑，所以避免与黑熊遭遇非常重要。事先收集信息，尽量不要前往有黑熊出没的场所。其实黑熊是很胆小的动物，所以应该事先让黑熊知道有人来了。一边走路一边摇铃铛或者吹笛子，或者用随身携带的手机播放音乐都可以，还可以故意摇晃树枝发出声音，提前赶跑黑熊。

假如被异常愤怒的猕猴袭击

小诺和阿护在森林里散步的时候，忽然听到头上传来一阵沙沙声。两人奇怪地抬头一看，发现头顶的树枝上坐着一个抱着小宝宝的母猕猴。"哇，好可爱啊！"小诺为了看得更仔细一些，又朝猕猴母子走近了一些。就在这时，耳边忽然传来"哇啊、吱吱吱吱……"的恐怖叫声！二人向声音传来的方向望去，只见一只雄性猕猴正龇着牙齿盯着小诺！说时迟，那时快，这只雄性猕猴噌地一下向二人扑了过来！

猕猴是群体意识很强的动物，不但有家庭，群体中还有猴王。贸然接近猕猴母子，很容易激怒其他猕猴！

不要看对方的眼睛，慢慢后退！

自我保护

愤怒的猕猴一般会跳到人的面前，露出牙齿进行威吓。对猕猴来说，盯着对方的眼睛是一种挑衅行为，所以千万不要盯着它的眼睛。在观察猕猴动向的同时慢慢地后退。拉开一定距离之后，为了防止被猕猴追击，可以先找个棒子或者捡一些小石头防身。接下来要让对方知道自己比它更加强大。如果发现猕猴不再露出牙齿威吓，也不盯着自己看了，就可以继续慢慢后退，让对方知道自己并没有威胁。

猕猴只有在感觉对方比自己更弱的时候才会发动攻击。快速冲到人的身边，咬住人的腿和胳膊是它们最常用的攻击方法。在这种时候只能进行反击。可以将手中的石头狠狠地砸出去，就算没砸中也没关系，这样可以对猕猴起到震慑作用，猕猴在受到惊吓后立刻就会四散逃窜。

彻底解析

猕猴的身体构造与人类非常相似。手脚都有5根手指和脚趾，手指和脚趾上有指甲。虽然猕猴也会挠人，但它们最重要的武器是牙齿。猕猴的眼睛色觉很发达，对红色的东西特别敏感，所以它们很喜欢吃苹果和橘子等红色系的水果。

眼睛
与人类一样能够分辨颜色，视力也很好。

嘴
牙齿长且尖锐，被咬住的话，伤势会很严重。

手
有5根手指，非常灵活，能够拿起很小的东西。

尾巴
猕猴的尾巴很短。适应半树上、半陆地的生活。

分 类 脊索动物门、哺乳纲、灵长目、猴科
体 长 47~60 cm
生息地 主要分布于我国南方诸省(区)
食 物 果实、树叶、昆虫等

遇到黑熊要盯着它的眼睛，遇到猕猴不要盯着它的眼睛。可别搞混了哟！

小心感染症！

袭击应对

被野生猕猴咬伤的话，需要注意症状！一旦被咬伤，千万不能怕疼，要坚持用大量清水冲洗并挤出血液。然后进行消毒，用绷带止血，防止出现化脓感染。接下来尽快前往医院进行治疗。虽然被猕猴咬伤可能导致许多疾病，但只要去医院进行适当的治疗，就没什么可担心的。

还有呢！

山上和海里的危险生物

在山上和海里居住着许多人类之外的生物。山上有山上的生态环境，海里有海里的生态环境。前往这些地方的时候要入乡随俗哟！

恙螨

危险性 常见于河滩与草原地带。从卵中孵化出来的幼虫会吸食人类和动物的血液。如果幼虫带有病原体，被叮咬的目标就会感染恙螨病。这种疾病的致死率很高。

应对方法 从被叮咬到发病有5~14天的时间。之后感染者会出现39℃以上的高烧，被叮咬的部位会出现溃疡、红肿。应该立即前往医院使用抗生素进行治疗。

分 类　节肢动物门、蛛形纲、真螨目、恙螨科

体 长　0.2~0.3 mm

生息地　全世界都有分布，我国东南沿海至西南边境省（区）最多

食 物　体液与血液

人肤蝇（幼虫）

危险性 这种苍蝇会将卵产在人类和动物的皮肤上。从卵中孵化出来的幼虫会钻进宿主的皮肤里，引发皮肤蝇蛆病。

应对方法 一般宿主会在感到痛痒时发现被寄生。自己贸然将其摘除有造成感染的危险，最好去医院请医生治疗。必须在卵孵化之前将其取出。

分 类　节肢动物门、昆虫纲、双翅目、狂蝇科

体 长　1.2~2.0 cm

生息地　美洲、非洲

食 物　吸附在宿主的皮肤下吸取养分

红火蚁

危险性 红火蚁拥有很强的攻击性，被其咬伤会感到剧烈的疼痛和灼伤感。红火蚁还会用腹部的毒针进行攻击。其毒素属于神经性毒素，能够引起瘙痒和发热等症状，对于过敏体质的人来说非常危险。

应对方法 红火蚁属于外来物种，防止红火蚁入侵是最重要的。如果发现已经遭到入侵，应该立即汇报给政府相关部门。

分类 节肢动物门、昆虫纲、膜翅目、蚁科

体长 2.5~6.0 mm

生息地 原本存在于南美地区，现在正扩散到全世界

食物 昆虫和树液等

棘冠海星

危险性 棘冠海星有许多2 cm以上的锐利毒针，毒针是中空的，里面藏着毒腺。人类的手掌、手肘、膝盖等是最容易被棘冠海星攻击的部位，一旦被刺伤，就会出现剧痛和组织坏死等症状。有过敏反应的人需要特别注意。

应对方法 绝大多数被刺伤的情况都是由于潜水时不小心摸到隐藏于珊瑚礁和礁石缝隙中的棘冠海星所导致的。在浅滩上散步的时候应该穿上拖鞋，防止不小心踩到棘冠海星。

分类 棘皮动物门、海星纲、有棘目、长棘海星科

直径 30~60 cm

生息地 分布于整个印度洋、太平洋地区，在澳大利亚大堡礁尤为常见

食物 石灰藻和珊瑚等

佳美羽螅

危险性 看起来像植物一样，但其实是大量水螅虫聚集在一起组成的形态，不小心接触到其触手，就会被刺伤。因为其触手有毒，所以被刺伤的患处会感到触电般的剧烈疼痛，游泳时遇到这种生物非常危险。

应对方法 刚被刺伤时会出现红色的皮疹，随后会出现瘙痒和肿胀，有时候还会出现糜烂和溃疡症状。被刺伤后应该立即用清水冲洗，严重时应该去医院进行治疗。

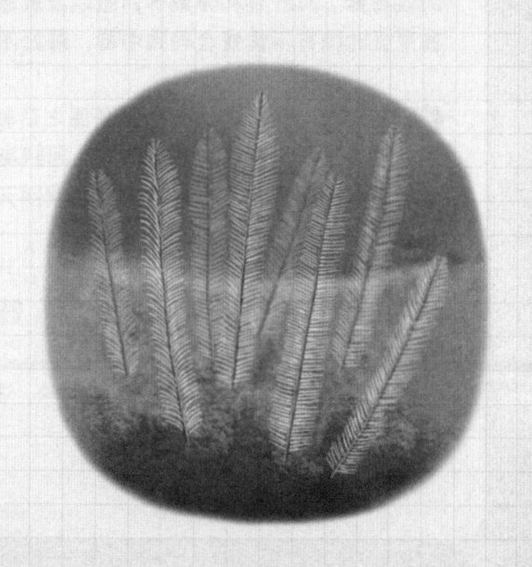

分类 刺胞动物门、水螅虫纲、水螅虫目、羽螅科

高度 7~20 cm

生息地 主要分布在热带和亚热带浅海

食物 浮游生物

这些东西能吃吗？

泥螺

危险性 肝吸虫卵在被泥螺吃掉之后就会孵化，所以生吃泥螺会导致肝吸虫病。此外，泥螺身上可能带有肝蛭等其他寄生虫。

应对方法 肝吸虫幼虫离开泥螺体内之后会进入鲤鱼等淡水鱼的体内，人类吃了这些被肝吸虫感染的鱼类就会患肝吸虫病。所以在食用泥螺和淡水鱼类的时候一定不能生吃，高温加热做熟了吃才安全。

分 类　软体动物门、腹足纲、后鳃目、阿地螺科

体 长　大约4 cm

生息地　分布于日本、朝鲜以及中国大陆的沿海等地

食 物　水中的有机物

河鲀

危险性 河鲀虽然体型较小，但体内却有致命的河鲀毒素。其肝脏和卵巢等内脏以及皮肤都有剧毒。在烹饪时稍有不慎就会导致中毒，最好不要吃！

应对方法 有些毒素在经过高温之后就会消除，但河鲀毒素却无法通过高温消除。河鲀毒素会导致心跳和呼吸停止，一旦过量食用就回天乏术了。

分 类　脊索动物门、硬骨鱼纲、鲀形目、鲀科

全 长　10~25 cm

生息地　北纬45度至南纬45度之间的海水、淡水等水域

食 物　浮游生物

人类在不断发展进化的过程中尝试过很多食物，因为寄生虫、剧毒、消化不良等引发了不少悲剧。最终，人类发现了使用“火”来烹饪的方法。能够准确地分辨可以食用的生物，是人类在进化中获得的智慧！

小龙虾

危险性 十几年前，小龙虾还被认为是不能吃的东西，但近年来随着肺吸虫病的减少，吃小龙虾的人也多了起来。但是，小龙虾身为肺吸虫中间宿主的事实并没有改变，所以在吃的时候需要特别注意。

应对方法 不仅是吃小龙虾，在吃任何淡水水产的时候都应该煮熟之后再吃。有的人喜欢生吃虾，最好改掉这个习惯。

分 类 节肢动物门、甲壳纲、十足目、螯虾科
体 长 10 cm左右
生息地 原产于北美，现已被中国引进
食 物 水草、贝类、小鱼等

尾篇 噩梦永不结束……
小诺和阿护学习了很多关于身边的危险生物的知识。
今天两人决定进行一直惦记的露营……

地点就在小诺家的院子里!

虽然去海边和山上更好，但在院子里露营更加简单方便，而且在这里还有阿护陪我呢！
真是个不错的主意！

而且我手上戴了驱虫环，
身上喷了驱虫药，

帐篷里外都点了蚊香！
防虫对策可谓是万无一失！

烤肉做好了哟！
爸爸，谢谢你！
哇，香肠和奶酪烤得恰到好处！
用樱花木炭烤制而成。

真好吃啊!
亲手烤的香肠跟啤酒真是绝配!

好喝!

真是的，爸爸你一身酒气!
就算喝醉了也不怕，马上就能回家睡觉，在院子里露营真方便啊!

……可是，你也不能睡在院子里啊!
呼呼……

嗡嗡……
呼呼……

啊！
不好了！
嗡嗡……
蚊子要去咬
爸爸了！

对了，蚊子能够感知人
类的呼吸（二氧化碳）。
喝酒之后更容易吸引蚊子！

爸爸，
快起来啊！
蚊子要来
咬你了！
呼——呼

不行啊……
叫不醒爸爸。
握紧
这可怎么办呀？

电蚊拍！

挥来
挥去
小诺，
你冷静点儿！
完全没打中啊！

哗啦！
你们几个吵
什么呢？
会打扰到
邻居的！

嗡嗡……
妈妈，
危险！
有蚊子！

就在这时，
肉眼看不见……

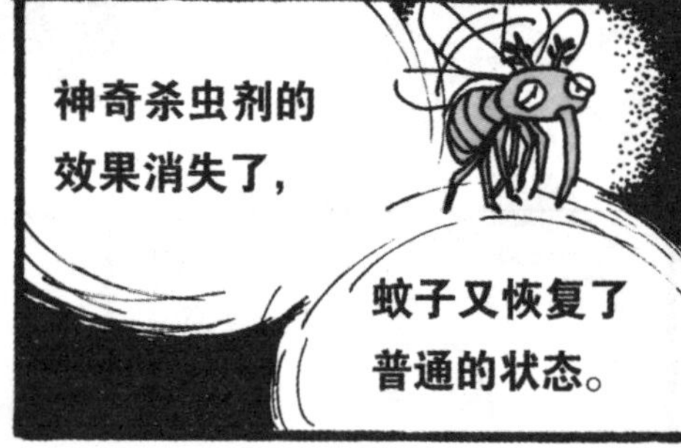
神奇杀虫剂的
效果消失了，
蚊子又恢复了
普通的状态。

啪！

!!

哼！
给我安静点儿！
导致神秘疾病的蚊子就这样被消灭了……
小诺，你的妈妈好厉害啊！
蚊子一下就被干掉了！
药效过去之后，猫身上的跳蚤、蜘蛛和蜈蚣也都恢复了原样。
喵！
呼！
跳跳
爬爬

可喜可贺！可喜可贺！但事情并没有想象中那样顺利……
不行啊！
根本写不完！
可不能偷懒哟！
阿护，快来帮我！
暑假作业全都堆到一起了……

作者的话

看完本书之后，想必大家已经知道在我们的身边就有那么多危险生物了吧！不只山上和海里，在我们的家中就潜藏着许多危险生物。或许有人觉得难以置信，在人类已经发明出高性能计算机、人工智能领域也突飞猛进的今天，小小的蚊子和跳蚤竟然还是可怕的敌人。但事实就是如此。因为不管科学再怎么进步，人类仍然属于动物这一点是永远不变的。

人类诞生于大自然，在与各种各样的危险生物战斗的同时不断发展进步，通过智慧和研究，保护自己不被危险生物伤害。此外，健康的身体和充沛的体力，也能够抑制疾病的产生。

但是，随着科学技术的不断进步，人类逐渐忘记了危险生物的存在。野生动物一旦出现在人类生活的地区，立刻就会遭到捕猎或驱逐，并且及时地进行消毒处理。家里哪怕出现一只蚊子，也要用杀虫剂伺候。所以，危险生物几乎在我们的眼前消失了。在各种消毒和抗菌产品的保护下，就连人类用肉眼看不见的“霉菌”也难以对人类构成任何威胁。

但是，人类在如此严密地保护自己的同时，也开始麻痹大意起来。危险生物还在继续繁衍生息，但人类却在逐渐失去抵抗的能力。

现在的孩子去山上和海里了解大自然神奇魅力的机会越来越少。认识哪些生物是有害的，学习一旦遭到袭击应该如何应对的机会也越来越少，甚至有不少人只要看到蛇就认为都是有毒的。但实际上有毒的蛇只有那么几种，大部分的蛇都是无害的。只要冷静地分辨出是不是毒蛇，就没什么好怕的。这些人类拼上性命、经过很长时间才积累下来的知识和智慧，在现代社会正被逐渐遗忘。

我不由得开始担心，人类会变成忘记原始生存本领，头脑发达但四肢简单的羸弱生物。就像通过锻炼身体能够对病菌产生抵抗力，使自己不容易生病一样，了解有关危险生物的知识，可以使自己认清哪些情况是危险的，从而保证自己的安全。投身到大自然之中去，获取最真实的知识，培养强大的精神力量，这才是在你们这个年纪最应该做的事情！

今泉忠明

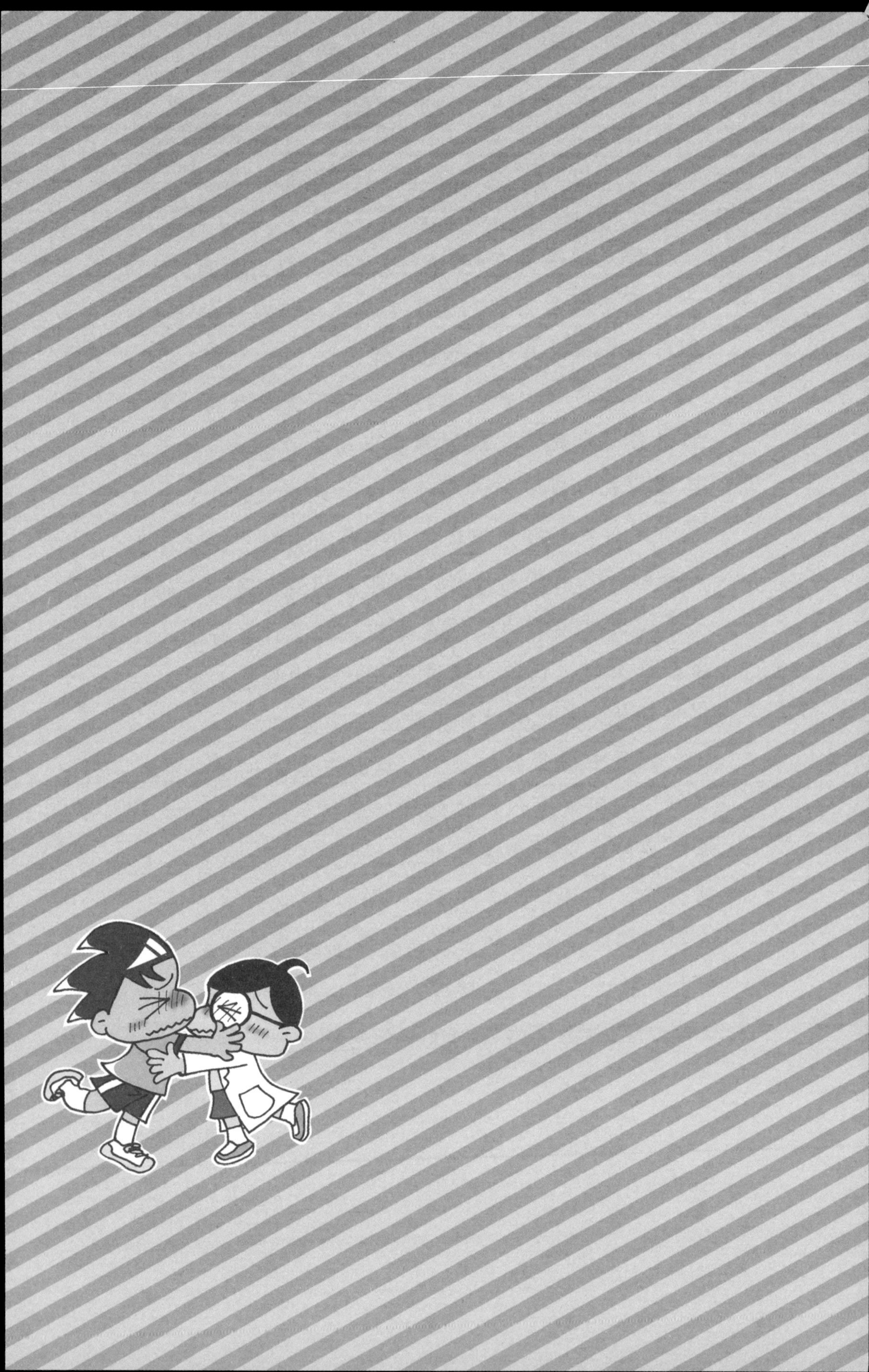

图书在版编目（CIP）数据

奇幻大自然探索图鉴. 身边的危险生物 / (日) 今泉忠明监修、著；朱悦玮译. — 沈阳：辽宁科学技术出版社，2021.1

ISBN 978-7-5591-1676-5

Ⅰ. ①奇… Ⅱ. ①今… ②朱… Ⅲ. ①自然科学－少年读物②生物－少年读物 Ⅳ. ①N49②Q-49

中国版本图书馆CIP数据核字(2020)第133764号

出版发行：辽宁科学技术出版社
（地址：沈阳市和平区十一纬路25号　邮编：110003）
印 刷 者：辽宁新华印务有限公司
经 销 者：各地新华书店
幅面尺寸：170mm×240mm
印　　张：7
字　　数：180 千字
出版时间：2021年1月第1版
印刷时间：2021年1月第1次印刷
责任编辑：姜　璐
封面设计：许琳娜
版式设计：许琳娜
责任校对：许晓倩

书　　号：ISBN 978-7-5591-1676-5
定　　价：35.00元

投稿热线：024-23284062
邮购热线：024-23284502
E-mail:1187962917@qq.com